La mer expliquée
à nos petits-enfants

Hubert Reeves
Yves Lancelot

La mer expliquée à nos petits-enfants

Éditions du Seuil

ISBN 978-2-02-109820-4

www.seuil.com

Prélude
Prendre toute la mesure de la mer

Nous n'étions pas trop de deux pour raconter la mer ! Nos petits-enfants eux-mêmes n'imaginaient pas, en la regardant avec nous, que leurs questions allaient nous entraîner aussi loin, dans le temps et dans l'espace. Comme tout le monde (ou presque), ils aiment la mer pour les plaisirs qu'elle offre aux sens, aux sensations, à l'imaginaire. Et ce n'est déjà pas rien, cette puissance de rêve. Mais c'est une attirance pour un morceau du monde qui, fondamentalement, est étranger à la vie humaine. On aime que la mer existe mais, après tout, on pourrait se passer d'elle…

Or la science a fait, depuis à peine une cinquantaine d'années, des découvertes extraordinaires qui font de la mer un sujet central pour l'avenir terrestre. Ce que nous savons aujourd'hui de la mer, de ses origines, de sa formation, de sa nature physique, de ses mouvements, de son rôle dans les changements climatiques, oblige à la regarder autrement : non pas comme un des éléments parmi d'autres présents à la surface de la Terre mais comme le cœur d'un système global dont dépend l'équilibre de la planète.

La mer nous est indispensable !

Pour lui donner toute sa mesure, nous avons uni nos connaissances et nos regards. Il fallait un astrophysicien (Hubert Reeves) pour raconter sa place dans l'Univers et expliquer ce qu'elle nous apprend sur le Système solaire. Il fallait un océanographe (Yves Lancelot) pour l'observer depuis la Terre, en plongeant dans ses profondeurs extrêmes. C'est ainsi que nous avons répondu d'une seule voix aux questions de nos petits-enfants.

Comme les jeunes de leur génération, ils vont hériter de la planète dans l'état précaire où nous la leur laissons. Plus que nous à leur âge, ils sont déjà sensibles à sa fragilité et savent qu'ils devront en prendre soin. Aussi avons-nous voulu les aider à comprendre à leur tour les mystères de la vie, à susciter leur curiosité pour leur donner envie de savoir, de chercher, de découvrir et à préserver toute leur capacité d'émerveillement. Nous, savants grands-pères, l'avons gardée intacte et nous aimons tant la voir briller dans les yeux de nos petits-enfants…

Hubert Reeves, Yves Lancelot

Puisque nous sommes ensemble pour parler de la mer, venez, allons la voir ! J'adore venir ici, m'asseoir sur ces rochers et ne penser à rien en regardant l'horizon…

Tu as raison : pour raconter la mer, il faut commencer par la contempler ! Mais telle que je te connais, tu ne vas pas « ne penser à rien » bien longtemps, comme tu le crois.

Si, je t'assure. La mer, ça me vide la tête. Je la trouve immense et belle. J'aime la lumière du soleil qui n'arrête pas de changer, le sable mouillé qui scintille à marée basse, le bruit des vagues et des mouettes. Et toi, à quoi te fait-elle penser ?

À la liberté, au ciel, aux étoiles, à l'envie de partir. « Homme libre, toujours tu chériras la mer ». J'aime beaucoup ce vers de Baudelaire.

C'est vrai, moi aussi, je me sens plus libre, j'oublie les trucs qui m'énervent, je respire, je m'évade…

Et pourtant l'évasion définitive est impossible !

Si, elle est possible : il suffit d'embarquer sur un bateau. Toi-même, tu l'as fait des centaines de fois.

Oui, mais on a beau partir loin et longtemps, on revient toujours, parce que la mer n'est pas faite pour la vie humaine. D'ailleurs, c'est peut-être pour cette raison qu'elle nous attire. Certes, nous pouvons y vivre assez bien quelques mois sur un bateau. Mais fondamentalement, nous ne pouvons pas l'habiter, ce n'est pas notre milieu naturel. Nous voilà assis sur ces rochers, tu vois toute cette eau devant nous, immense, comme tu l'as dit ? Sais-tu qu'elle occupe les trois-quarts de notre planète ? Et pourtant nous, les terriens, nous n'y avons pas de place ! Tu te rends compte ?

Je n'y avais jamais pensé ! Alors, c'est comme un autre monde…

Oui, elle est autre et plus forte que nous. La mer est dans notre monde et en même temps, elle nous échappe toujours. Tu pourrais avoir la même sensation sous le ciel étoilé en songeant à l'immensité de l'Univers, dans lequel notre espace vital ne représente presque rien. Sauf que la mer nous est plus proche : elle est là, elle fait partie de l'histoire terrienne, tu peux la toucher, t'y baigner…

Et surtout, elle fait rêver. Par exemple, quand j'étais petite, je me demandais où elle finissait. Je vois l'horizon, très loin, et je sens que cet horizon n'est pas la limite de la mer. Ce n'est pas le bord d'une immense piscine, il y a forcément quelque chose derrière, et quand j'aperçois les bateaux disparaître petit à petit à l'horizon, je sais bien qu'ils n'ont pas coulé ou qu'ils ne sont pas tombés de l'autre côté. Ils sont ailleurs, si loin que, même en prenant la mer à mon tour, je ne pourrai jamais les atteindre. J'ai l'impression que je me demanderai toujours : où ça finit, la mer ? C'est un peu idiot comme question, non ?

Pas du tout. C'est au contraire une belle question et je me la posais aussi quand j'étais petit. Même si j'ai passé ma vie à étudier les océans, cette question me fascine toujours autant, comme toi : qu'est-ce qu'il y a derrière l'horizon ? Tu connais évidemment la réponse si tu regardes un globe terrestre, et pourtant, cela n'épuise pas cette sorte de mystère que tu ressens. En cosmologie, ce qu'on appelle horizon n'est pas tout à fait cette ligne que tu vois là-bas, où la mer et le ciel se confondent. Pourtant, l'interrogation reste la même. Nous pouvons observer les galaxies mais seulement jusqu'à un certain point et les scientifiques se demandent aussi : qu'y a-t-il au-delà de ce que nous voyons ? Y a-t-il d'autres univers ? Oui, l'immensité, ça fait réfléchir. On ne pense pas à rien, on pense très vite, et à des tas de choses essentielles. Face à elle, ce n'est pas une mais dix questions qui surgissent, essaie !

D'où vient toute cette eau ? Est-ce la même depuis le début ? Était-elle sur la planète avant les continents ou les a-t-elle recouverts ? Y a-t-il une seule mer ou plusieurs ?

Bravo ! Tu vois comme tu arrives vite aux fondamentaux !

La mer vient de l'espace

Merci du compliment, mais maintenant, il faut que tu répondes aux questions !

Commençons par la plus simple : oui, il y a une seule mer, au sens où tout cela, cette étendue d'eau salée, c'est « la mer », et d'ailleurs on n'a pas tort de dire qu'on est « au bord de la mer », que l'on soit comme nous en ce moment en Bretagne devant l'océan Atlantique, ou devant la Manche, ou sur la rive de la Méditerranée. Mais en géographie, on appelle cette mer mondiale « océan », que l'on a subdivisé en trois grands ensembles (Pacifique, Atlantique et Indien) auxquels il faut ajouter l'Arctique et l'Antarctique aux deux pôles. On réserve le mot « mer » à certaines petites portions de ces océans, en général près des côtes. Les riverains les ont nommées au fil du temps. On en identifie une quinzaine. On parlera de la mer du Nord, de la mer de Norvège, de la mer Méditerranée, de la mer Jaune, de la mer Rouge, de la mer Caspienne, de la mer Morte…

Je repose ma question : comment la mer est-elle arrivée sur la Terre ?

Il y a plusieurs explications possibles. D'abord, il faut te dire que l'eau était présente dans l'Univers bien avant la formation de la Terre et on observe encore aujourd'hui de grandes quantités de vapeur d'eau dans les nébuleuses qui parsèment la Voie lactée ainsi qu'au voisinage des étoiles en formation. Il y en a des millions de fois plus que dans toutes les mers terrestres !

Alors, la mer vient des étoiles ?

Elle vient de l'espace. L'hypothèse la plus classique, mais probablement dépassée aujourd'hui, est que l'eau de la mer provient du dégazage d'une partie des matériaux en fusion de l'intérieur de la Terre, très tôt dans l'histoire de la planète. Des gaz très chauds se seraient dégagés de ce magma et, en se refroidissant, se seraient condensés, provoquant une sorte de déluge au cours duquel l'eau se serait accumulée dans les creux de la surface terrestre. Mais une autre théorie, plus récente, voudrait que l'eau provienne de collisions avec des comètes.

Des comètes pleines d'eau, comme des bombes à eau qui auraient explosé ?

Oui, c'est à peu près ce qui s'est produit. Quand notre Terre et le Soleil naissent, il y a 4,57 milliards d'années, notre Galaxie existe depuis une dizaine de milliards d'années et la matière galactique est déjà abondamment enrichie en eau. Le Soleil est entouré d'un cortège planétaire dont fait partie notre future planète, la Terre. Plus loin, se trouve un gigantesque nuage de comètes largement constituées de glace. Tous ces corps célestes qui tournoient autour du Soleil entrent en collision avec la Terre de nombreuses fois durant les premiers millions d'années de sa formation. Les comètes auraient alors libéré de très grandes quantités d'eau qui se seraient répandues à la surface de la Terre.

On a longtemps considéré les comètes, quand elles apparaissent dans nos cieux, comme de mauvais augures annonçant des cataclysmes. Nous savons à présent qu'elles nous ont au contraire apporté un sublime cadeau : l'eau, qui est l'élément fondamental pour l'apparition de la vie, donc pour notre existence. Nous leur devons tout !

Quand je nage dans l'océan, je me baigne encore dans l'eau venue de ces comètes ?

Oui, c'est la même eau depuis le début, mais pas dans les mêmes bassins. Les océans tels que nous les connaissons sont beaucoup plus jeunes que la Terre puisqu'ils se sont formés il y a seulement 200 millions d'années, mais ils contiennent une eau bien plus vieille qu'eux. Et, chose extraordinaire, leur volume total est constant, quelle que soit la forme des bassins, et n'a pas varié au fil des millions d'années. Bien sûr, sous l'effet de la chaleur du soleil, l'eau s'évapore, puis retombe en pluie (ce qui d'ailleurs nous permet d'avoir de l'eau douce et potable), mais ce recyclage ne concerne qu'une infime part de la masse d'eau totale.

L'eau, c'est la vie ?

Tu disais que l'eau est la source de la vie, cela veut dire qu'il ne peut y avoir de vie que sur la Terre… si du moins il n'y a pas d'eau sur d'autres planètes ?

Justement ! Il est possible qu'il y ait de l'eau, ou qu'il y en ait eu, sur d'autres planètes du Système solaire, même en faibles quantités. Sur la planète Mars, par exemple, on a observé des traces de ruissellements comparables aux réseaux de fleuves que nous connaissons chez nous. Titan, satellite de Saturne, et Europe et Ganymède, satellites de Jupiter, présentent des surfaces de glace qui recouvrent des nappes d'eau vraisemblablement salée, mais, pour l'instant, on n'y a retrouvé aucune molécule organique. Si c'était le cas, il faudrait sûrement élargir notre notion de ce qu'est la vie. Car dans ta question, le terme le plus compliqué à définir, ce n'est pas l'eau (dont nous connaissons bien la composition physique, H_2O, soit deux atomes d'hydrogène et un atome d'oxygène), c'est la vie. Que l'eau soit un élément essentiel à l'apparition de la vie telle que nous la connaissons sur Terre est une hypothèse très fortement vraisemblable mais nous ne pouvons pas dire, en sciences, qu'il s'agit d'une certitude absolue. L'origine de la vie reste la plus grande et la plus profonde question de la science. On a étudié, par exemple, des organismes qu'on appelle « extrémophiles », qui sont capables de se développer dans des milieux extrêmes (comme leur nom l'indique !), sans eau, sans lumière, sans oxygène même. On connaît des bactéries qui ont survécu sous des couches de sédiments épaisses d'un kilomètre au fond des océans, à des températures très élevées (environ 350 °C), ou bien encore ce virus de la « mosaïque du tabac » qui est actif en solution mais devient de la matière inerte quand on le cristallise. Alors, où est la frontière entre la vie et la mort ? C'est nous qui la plaçons, mais peut-être que, dans la nature, la vie est un processus continu, avec différents états dont nous n'avons pas idée et qui reste encore à découvrir.

Mais du moins, on sait que l'eau était sur Terre avant l'apparition de la vie. Si je comprends bien, on peut juste en déduire qu'elle y est pour quelque chose.

Le problème est que les premiers organismes vivants sur Terre n'ont pas laissé de traces. Les plus anciennes traces du vivant, ce sont certains fossiles qui ont constitué des roches et qui datent d'il y a 3,5 milliards d'années (donc environ 1 milliard d'années après l'arrivée de l'eau). On a peine à croire que, d'un seul coup, ces organismes formés de colonies de bactéries soient apparus sans qu'il y ait eu avant d'autres organismes vivants. Ou peut-être existe-t-il certaines traces que nous ne saurions qualifier de « vivantes », avec nos critères actuels, et que nous ne pouvons donc identifier ? Tu vois, il reste encore tant et tant de choses à découvrir sur le mystère de la vie !

Ce que je trouve fascinant c'est la diversité incroyable des organismes vivants. Comment en est-on arrivés là ?

Comme tu l'as compris, si l'eau est à l'origine de la vie, il est naturel que la mer soit restée un réservoir privilégié d'organismes vivants. On y trouve, aujourd'hui encore, toutes sortes d'animaux et de végétaux, du plus simple au plus complexe : des bactéries, êtres très primitifs, unicellulaires sans noyau, jusqu'à des mammifères très évolués, comme les cétacés. Si tout a commencé dans la mer, les organismes végétaux ont très tôt, avant 500 millions d'années, migré vers les terres émergées. Les animaux ont suivi il y a environ 360 millions d'années. Ils s'y sont adaptés et cela a permis un développement spectaculaire des espèces. Mais tous ces organismes terrestres sont restés dépendants de l'eau. On peut dire qu'en prenant pied sur la terre ferme, ils ont « emporté l'eau » avec eux. Notre corps, par exemple, contient environ 65 % d'eau. Les plantes terrestres en contiennent de 75 % à 95 %. Il reste bien en nous des traces de notre origine marine, comme le fait que nous naissions dans un liquide où nous vivons pendant neuf mois avant de voir le jour et de respirer. Nous sommes pratiquement des annexes de la mer !

Est-ce que ça veut dire que nous restons liés aux organismes qui peuplent la mer ?

Oui, et même dépendants d'eux. Pas seulement parce qu'ils nous offrent des ressources intéressantes, mais surtout parce que les organismes marins participent directement au fonctionnement de notre environnement. Je pense principalement aux organismes du plancton qui régulent le climat en maintenant un équilibre entre le gaz carbonique et l'oxygène dans l'atmosphère et rendent ainsi notre planète terrestre habitable. De la bactérie aux poissons, jusqu'aux baleines, en passant par toute une série d'organismes et d'écosystèmes complexes, il y a là un ensemble vivant qui nous protège et que nous devons donc protéger aussi. Nous allons sûrement en reparler plus tard.

Oui, j'y compte bien ! Pour l'instant, je reviens aux autres planètes : peut-on trouver de l'eau hors du Système solaire ? Et de la vie ?

Ce n'est pas impossible. C'est peut-être ce que l'on découvrira un jour sur les exoplanètes. On en a déjà identifié presqu'un millier, qui gravitent autour d'autres étoiles que notre Soleil, et il est très possible que l'on trouve de l'eau liquide sur certaines d'entre elles. Imagine que l'on décèle de l'oxygène gazeux dans leurs atmosphères : ce serait une bonne raison de penser qu'il y a de la vie là-bas car cet oxygène moléculaire ne se trouve pour l'instant que sur la Terre et nous savons qu'il est produit par la vie. Trouver de l'oxygène sur une autre planète révolutionnerait toute la biologie !

Ce serait passionnant d'être l'explorateur des exoplanètes ! Mais en attendant de trouver mieux, est-ce que nous pouvons nous mettre d'accord pour dire que la Terre est la seule planète du Système solaire à contenir une si grande quantité d'eau ?

Là, nous sommes d'accord. Et je vais même t'expliquer ce qui fait de la Terre l'hôtesse idéale pour notre bonne H_2O ! Elle est à une distance du Soleil telle que la température à sa surface se maintient à des valeurs compatibles avec la présence d'eau liquide. Et, autre qualité, certains gaz présents dans notre atmosphère assurent un « effet de serre » qui régule la température moyenne. Sans cet « effet de serre », la température serait de – 18 °C au lieu des 15 °C que nous connaissons aujourd'hui et l'eau ne se trouverait qu'à l'état de glace.

Mais, il faut aussi relativiser la quantité d'eau sur Terre. Car si les océans couvrent 71 % de sa surface, ils sont profonds en moyenne de 3,5 à 3,8 kilomètres avec quelques fosses extrêmes à 11 kilomètres. Cela n'est rien par rapport au rayon de la Terre qui est d'environ 6 370 kilomètres. Si donc tu regardes la planète tout entière, comme une boule compacte de matière et non la surface d'une sphère, la masse d'eau représente moins d'un millième de la masse totale de la Terre… Cette immensité bleue, qui nous est si nécessaire, n'est donc pas infinie et reste fragile.

Bleue et salée

Tu parles d'immensité bleue. C'est vrai, moi aussi quand je pense à la mer, je la vois bleue et comme tous les enfants j'imagine, je la coloriais en bleu sur mes dessins. Là, regarde, il fait beau aujourd'hui et la mer est bleue comme le ciel alors qu'il arrive qu'ici, en Bretagne, où il y a souvent beaucoup de nuages gris, elle soit presque brune. Est-ce parce que le ciel est bleu que la mer est bleue ?

Non, ce n'est pas parce que le ciel est bleu. Si tu remplis un verre d'eau de mer, que tu la puises dans le Pacifique sous un soleil de plomb ou dans la Manche un jour de pluie, ton eau est aussi transparente que ton verre. Tu auras beau l'exposer sous un ciel bleu, elle restera incolore. En revanche, si tu remplis avec ma piscine, dont le fond et les bords sont pourtant en carrelage blanc, elle deviendra bleue. Même chose pour un lac dans une grotte, où le ciel n'est pas visible. Cela veut dire que dès que l'on regarde une certaine quantité d'eau, que ce soit de l'eau douce ou de l'eau de mer, elle paraît bleue. Le Saint-Laurent au Québec, qui est un fleuve très large, est bleu lui aussi, comme la mer. Pourquoi ? Cela vient de l'interaction entre la lumière et l'eau. Comme tu le sais, la lumière du Soleil contient les couleurs de l'arc-en-ciel, rouge, jaune, bleu. Les molécules d'eau absorbent les rayons rouges et jaunes et ne renvoient que les bleus. Malgré cela, en effet, si le ciel est gris, si la lumière du soleil est moins vive, la mer devient sombre, grise ou brune. Et si elle transporte certaines algues, qui contiennent beaucoup de chlorophylle qui absorbe davantage la composante bleue des rayons solaires, elle peut prendre toutes les nuances de vert, jusqu'au turquoise dans les lagons du Pacifique ou des Bahamas. Au contraire, lorsqu'il n'y a presque pas de plancton, comme dans certains « déserts marins » en plein milieu du Pacifique, la mer est alors d'un bleu absolu, profond, un bleu pur que tu ne verras jamais même en Méditerranée.

Et pourquoi la mer est-elle salée ? C'est encore un coup des comètes ?

Pas du tout : les étoiles, les comètes ou la Lune n'y sont cette fois pour rien ! Le sel vient des continents, transporté par les fleuves. Ceux-ci lessivent les affleurements de roches et arrachent petit à petit des molécules, en particulier du chlorure de sodium (le sel) ou de potassium, qu'ils charrient jusqu'à leur estuaire et le sel se concentre dans la mer.

Mais on pourrait penser qu'il se recycle…

Oui, c'est le cas, mais la partie qui se recycle

est très faible par rapport à la masse salée qui se trouve dans la mer. Donc sa salinité reste presque constante. Je suis persuadé qu'il y a 1 milliard d'années, la mer avait globalement à peu près le même taux de sel qu'aujourd'hui.

Je ne comprends pas : comment se fait-il alors que la Méditerranée soit beaucoup plus salée que l'Atlantique ?

Ce dont je parle, c'est de la salinité globale à l'échelle de la mer « mondiale ». Mais tu as raison : on observe de grandes variations de salinité à la surface du globe. La différence se joue sur l'évaporation, donc l'intensité des rayons solaires. La mer Morte, qui est une mer fermée, de taille réduite et sous un climat très chaud, est un cas extrême puisque sa salinité est telle qu'on y flotte beaucoup mieux que dans la Méditerranée, par exemple. Les plus grandes salinités se trouvent aussi dans les marais salants (la Camargue, Guérande...). Depuis très longtemps, l'homme a exploité le sel. Chez les Égyptiens, puis les Romains, le sel avait même une grande valeur – on en avait besoin notamment pour la conservation des aliments. C'était un produit de luxe et un commerce très lucratif... pas autant que, bien plus tard, l'est devenu celui du pétrole, lui aussi salé d'ailleurs, parce que souvent formé en milieu marin. Mais continuons de regarder la mer : que vois-tu encore ?

Les marées, la Lune et le Soleil

Je vois de l'eau qui bouge, bien plus que celle des fleuves... Je me laisse bercer par ce mouvement et, c'est bizarre, il est à la fois régulier, comme les vagues, les marées, et irrégulier : d'un jour à l'autre, parfois d'une heure à l'autre, la mer est différente, elle était calme, elle devient houleuse, puis déchaînée. Elle me semble imprévisible...

Là, tu touches un élément essentiel : la mer est un milieu instable, à un point d'ailleurs que tu es loin d'imaginer encore (mais n'anticipons pas !). Les fleuves aussi bougent, mais on comprend immédiatement comment et pourquoi : le plus souvent, ils naissent à une source qui jaillit de la terre, ils reçoivent en plus l'eau qui résulte de la fonte des glaciers en altitude et des précipitations, ils ruissellent puis creusent leur lit dans le sens d'une pente qui les mène vers la mer. Le courant global d'un fleuve, même si certains sont également sujets à des multiples irrégularités, fait courir l'eau toujours dans le même sens, de l'amont vers l'aval. En revanche, la mer bouge à cause de facteurs multiples, bien qu'en elle-même elle soit inerte. Il arrive d'ailleurs, tu l'as sans doute remarqué en naviguant, que l'on se trouve parfois sur une mer d'huile, plate, sans vagues ni courants... eh bien, même dans ce cas, tu vois quelques ondes, de minuscules vaguelettes, ou de la houle venue du grand large. La mer est un milieu liquide réactif, elle n'engendre pas elle-même ses mouvements. Et la cause de ses mouvements peut parfois se situer très loin du point où tu les observes : par exemple, la houle du grand large que je viens d'évoquer peut provenir de coups de vent qui soufflent à des centaines de kilomètres derrière l'horizon. Donc, tu as raison, certains mouvements de la mer sont très prévisibles, ou du moins réguliers : les marées, les courants, les vagues, qui sont des phénomènes généraux, cycliques et rythmés ; d'autres, en effet, sont accidentels…

Commence alors par m'expliquer les marées. Pour moi, c'est le mouvement le plus régulier. À la maison, nous avons le calendrier avec les horaires et les amplitudes des marées : c'est aussi précis que des horaires de trains ! J'ai entendu dire que les marées sont provoquées par la Lune. Peux-tu m'en dire plus ?

C'est exact, mais incomplet : les marées témoignent du grand phénomène de la gravitation des planètes. Sur Terre, elles proviennent en effet de l'attraction de la Lune mais aussi du Soleil, tu vas voir ! Commençons par la Lune. Comme tu le sais, c'est un satellite de la Terre, elle met vingt-sept jours à en faire le tour, tandis que la Terre tourne sur elle-même en vingt-quatre heures. Comme tu l'as aussi appris, la force de gravité s'exerce sur toute matière : on parle de l'« attraction universelle ». Donc, par cette force d'attraction, la Lune soulève les portions de croûte terrestre qui passent à sa portée : sur l'océan, on l'observe très nettement avec des élévations de plusieurs mètres, mais, avec des instruments ultrasensibles on peut détecter aussi les mouvements imperceptibles qui affectent les continents au passage de la Lune. Ce mouvement est ce qu'on appelle une marée.

Pourquoi alors y en a-t-il deux par jour alors que la Lune ne passe qu'une seule fois par jour au-dessus d'un point donné, par exemple, ici sur cette côte bretonne ?

Très bonne question dont on a mis du temps à trouver la solution. Elle est venue encore de Newton, qui a non seulement identifié l'existence de la gravité mais aussi les lois de son fonctionnement. Ainsi, tu sais que, plus les masses qui s'attirent s'éloignent l'une de l'autre, moins la force de gravité est grande. La Lune attire plus fortement la région de la surface terrestre qui se trouve le plus directement sous elle : cela explique une marée par jour. Alors pourquoi deux marées ? Comme l'attraction lunaire est plus forte sur le côté proche de la Lune que sur le centre de la Terre, et moins forte sur le côté opposé, cela provoque un étirement de chaque côté. La Terre est donc légèrement déformée, avec deux légers bourrelets symétriques à sa surface, un peu comme un ballon de rugby. Ainsi, pendant la rotation diurne, chaque point de la surface terrestre voit la mer se soulever deux fois. C'est pourquoi nous avons deux marées par jour d'amplitudes comparables.

La force de gravité devrait s'exercer dans les deux sens : l'attraction terrestre provoque-t-elle des sortes de marées sur la Lune ?

Bien vu ! Et, figure-toi que c'est le cas : la Lune s'étire sous l'effet de la Terre de même que la Terre se déforme par l'attraction de la Lune. D'ailleurs, progressivement, cette force qui a déformé légèrement la Lune a aussi ralenti son mouvement et elle s'est éloignée de la Terre, laquelle a également ralenti sa rotation : au temps des dinosaures, la Terre faisait un tour sur elle-même en dix-sept heures, contre vingt-quatre heures aujourd'hui. Et le jour terrestre continue d'augmenter à mesure que la surface de la Lune visible depuis la Terre diminue. Tu vois, l'Univers n'arrête pas de bouger !

Tu disais que le Soleil avait lui aussi un rôle dans les marées. Comment ?

Toujours par le même processus : le Soleil exerce une force d'attraction sur la Terre. Même s'il est beaucoup plus gros que la Lune, il est aussi bien plus éloigné de la Terre, donc cette attraction est beaucoup moins forte. Néanmoins, elle explique les différences d'amplitude des marées. Comme tu le sais, ce qu'on appelle les « grandes marées », ont lieu, du moins sous nos latitudes, au moment des équinoxes, en mars et en septembre, c'est-à-dire quand le jour et la nuit sont de durée équivalente, c'est-à-dire encore quand le Soleil et la Lune sont dans le même axe, donc leurs deux forces de gravité se cumulent pour tirer plus fort, et soulever davantage la mer. En revanche, aux solstices, la Lune et le Soleil sont sur des axes à angle droit l'un de l'autre et ils tirent à hue et à dia, provoquant donc des marées moins importantes.

Cet effet de marée se retrouve dans l'ensemble du Système solaire. Nous savons par exemple que, si tous les 100 000 ans environ, se produit une ère glaciaire, cela est dû aux effets de marée conjugués entre la Terre, la Lune, le Soleil mais aussi Jupiter et Saturne. Tout le monde s'y met ! Retiens alors une chose : la Terre est une sphère et elle tourne ; ces deux éléments déterminent la totalité des autres phénomènes physiques.

Pourquoi certaines mers, la Méditerranée par exemple, n'ont-elles pas de marées ?

Parce que les marées s'amplifient par résonance. Prenons une comparaison : si tu pousses ta petite sœur sur une balançoire, tu vas d'abord donner une première impulsion, qui va faire bouger un peu la balançoire. Ensuite, il suffit que tu continues de donner des poussées équivalentes à un rythme constant et la balançoire va prendre petit à petit une très grande amplitude. C'est ce qui se passe avec les marées. En soi, ce sont des poussées très faibles mais leur accumulation sur un espace très grand finit par avoir des effets importants. En réalité, il y a des marées en Méditerranée mais, comme l'espace et le volume d'eau sont petits (par rapport à l'immensité de l'océan), leurs effets sont très peu perceptibles. La Méditerranée est un petit lac !

Des vagues de trente mètres

Les vagues aussi sont dues à l'attraction lunaire ?

Non, même si tu as l'impression que ce sont elles qui font progresser les marées, elles ne doivent rien à la Lune : elles sont engendrées par le vent.

C'est pour cela qu'elles changent tout le temps ? Sur la côte ici en Bretagne, j'en ai vu de vraiment impressionnantes. Quelle hauteur peuvent-elles atteindre ?

C'est un sujet de débat car nous avons peu d'observations fiables, les marins ayant tendance à exagérer leurs récits. Mais il faut reconnaître qu'il est difficile d'en estimer la hauteur à partir d'un bateau lui-même secoué par la tempête. Normalement, il devrait y avoir une relation directe entre la force du vent et la hauteur des vagues, mais c'est loin d'être le cas. Les plus hautes que j'ai pu moi-même observer lors de mes nombreuses navigations ne dépassaient pas huit à dix mètres de hauteur, ce qui est déjà très impressionnant, mais elles ne devenaient pas plus hautes par très grosse tempête avec des vents de plus de soixante nœuds marins (plus de 120 km/h), comme s'il existait un effet de seuil. Mais on sait, par le témoignage d'accidents ou de naufrages, qu'il existe des vagues, très rares, qui s'élèvent brusquement jusqu'à plus de trente mètres. On les appelle les « vagues scélérates », on connaît le phénomène, on a plusieurs hypothèses pour l'expliquer mais pour l'instant, aucune n'est totalement convaincante.

Ce sont comme des tsunamis ?

Non, pas du tout justement. Les tsunamis sont certes « scélérats » aussi – du moins monstrueux – mais ce sont des mouvements accidentels qui n'ont rien à voir avec les vents. Les tsunamis proviennent du fond de la mer : ils sont dus à des tremblements de terre sous-marins, parfois très loin de la côte où déferle la vague monstrueuse, comme celle qui a, par exemple, ravagé les côtes d'Indonésie et du Japon ces dernières années. Le terrain du fond marin se déplace de quelques mètres de niveau seulement mais sur plusieurs kilomètres de longueur. Cette petite rupture va faire bouger une masse d'eau considérable qui se propage en onde dans toutes les directions sans s'amortir. En surface, cette onde peut garder une hauteur limitée, de quelques dizaines de centimètres, mais, sa longueur atteignant plusieurs kilomètres, la masse d'eau mise en mouvement est considérable. Lorsque cette vague s'approche de la côte, elle garde toute son énergie (la même énergie qui a provoqué le léger mouvement de terrain à l'origine) et se renforce par frottement sur des fonds moins profonds jusqu'à atteindre une dizaine de mètres de hauteur. Elle peut donc faire des dégâts énormes. Il est difficile d'imaginer, quand on voit les images de ces murs d'eau qui s'abattent sur les côtes, que, contrairement aux vagues scélérates qui se produisent en haute mer, le tsunami ne soit guère perceptible par les marins le croisant au grand large. Là, on ne sent pratiquement rien !

Les courants : cœur, artères, poumons

Cela donne un peu le mal de mer d'imaginer que tout bouge tout le temps, même quand on ne le voit pas : à cause du vent, de la Lune, du Soleil, et même de la Terre…

Eh oui, je te l'ai dit : la mer est un milieu instable ! Mais tu comprends au passage que, pour connaître ses mouvements, il ne faut pas se fier qu'au visible. Les courants marins, par exemple, que tu ne vois pas d'ici, sont des phénomènes d'une ampleur beaucoup plus importante que les marées, avec des effets bien plus décisifs sur notre vie puisqu'ils sont directement responsables des variations climatiques.

J'imagine, sans trop savoir, que c'est surtout le vent qui provoque les courants. J'ai raison ?

Tu as raison… en surface. Pour t'expliquer, je te propose d'abord une autre image :

représente-toi la circulation des courants marins dans l'océan comme la circulation sanguine dans notre corps. Ton sang est envoyé par une pompe, le cœur, dans tous les organes. Il transporte de l'énergie, des éléments dissous, des particules. Il va ensuite recharger en oxygène tes poumons et remonter au cœur. Et le circuit se poursuit en permanence. Dans l'océan, les artères principales sont les courants profonds qui répartissent les eaux dans l'ensemble des grands fonds, dans tous les bassins, puis la circulation veineuse et pulmonaire prend le relais en ramenant les masses d'eaux par les courants de surface jusqu'à la pompe principale qui se trouve en mer de Norvège. Le tout ressemble à un immense tapis roulant.

Combien de temps faut-il pour faire le tour complet ?

Entre mille cinq cents et deux mille ans.

C'est long ! Rien à voir avec mon sang, qui fait le tour complet en un battement de cœur.

La comparaison s'arrête là en effet ! Il faut nous mettre au rythme géologique. À cette échelle, ces deux mille ans représentent un moment assez bref pour pouvoir observer le rôle de l'océan dans la régulation du climat global ; et c'est aussi un temps assez long qui explique que les climats évoluent lentement. C'est du court lent, si tu veux !

Mouais… je vois à peu près : hyperlong pour

une vie humaine, hypercourt pour la planète. Et le vent dans tout ça ?

Le vent joue un peu le rôle des veines, si je reprends ma comparaison avec le corps humain. Ce sont des vents réguliers qui forment les courants de surface capables tout de même d'entraîner des masses d'eau de quelques dizaines à quelques centaines de mètres d'épaisseur sur des distances de plusieurs centaines de kilomètres.

Quand tu dis que ces vents sont « réguliers », cela veut dire qu'on sait d'où ils proviennent ?

Là, on retrouve notre Soleil : c'est lui qui nous envoie l'énergie qui réchauffe les températures. La température est un autre élément essentiel à retenir pour comprendre la mer. Tu sais que, comme la Terre est une sphère, il fait chaud aux basses latitudes, plus tu t'approches de l'équateur, et froid aux hautes latitudes, plus tu montes vers les régions polaires, parce que les rayons du soleil arrivent presque verticalement sur l'équateur et de façon oblique aux pôles. L'air chaud des zones équatoriales est peu dense et s'élève dans les hautes couches de l'atmosphère, où il se refroidit et il redescend alors vers les latitudes moyennes, dans l'hémisphère nord. Cela engendre une vaste zone de hautes pressions que l'on appelle « anticyclone ».

Comme le fameux « anticyclone des Açores » dont on nous parle souvent dans la présentation de la météo à la télé ?

Oui, c'est bien de lui qu'il s'agit.

Le grand tourbillon des vents

Là, il n'est pas vraiment question de vents, encore moins de courants marins ?

Mais si, tout est lié. Un anticyclone est toujours entouré d'une sorte de grand tourbillon de vents qui entraînent des courants marins et qui tournent dans le sens des aiguilles d'une montre dans l'hémisphère Nord, et dans le sens inverse dans l'hémisphère Sud. Cette rotation des vents et des courants est le résultat de ce qu'on appelle la force de Coriolis, dont tu as sûrement aussi entendu parler.

Euh, rappelle-moi ce que c'est… genre révision de géo !

Coriolis est un ingénieur français du XIXe siècle. Il a identifié ce phénomène qui affecte tous les mouvements des masses d'eau et des masses d'air à la surface de la Terre. Tu te souviens : la Terre est ronde et elle tourne sur elle-même d'ouest en est. Et nous voilà devant une des conséquences de cet état de fait fondamental. Si tu fais tourner une sphère sur un axe, la vitesse de rotation sera presque nulle aux pôles et très rapide au milieu de la sphère. Du coup, une goutte d'eau ou un souffle d'air chaud qui partent de l'équateur avec une vitesse rapide pour aller vers les pôles plus froids perdent en chemin leur vitesse et sont donc déviés, vers la droite dans l'hémisphère Nord, vers la gauche dans l'hémisphère Sud. Cette déviation est nulle à l'équateur, s'accentue aux latitudes moyennes (où nous retrouvons notre anticyclone des Açores), et est à son maximum aux pôles.

Gardons l'exemple de l'anticyclone des Açores (mais il y a le même phénomène dans l'hémisphère Sud). Il s'accompagne d'un immense réseau de courants, dont le Gulf Stream est un des éléments les plus visibles, mais il n'est pas le seul. C'est un courant relativement chaud lorsqu'il naît dans le golfe (d'où son nom) du Mexique. Il remonte ensuite vers le nord en passant entre les Bahamas et la Floride puis longe la côte américaine en se refroidissant peu à peu. Après avoir traversé l'Atlantique, il est dévié en deux branches, l'une d'elle va vers l'Europe, l'autre vers les zones arctiques où les eaux se refroidissent considérablement. Tu vois, c'est un sacré trajet !

Et il modifie les températures des régions qu'il traverse, je suppose ?

Exactement. Cela explique que, dans l'Atlantique aux latitudes moyennes, la rive européenne, où nous sommes, soit globalement plus tempérée que la rive américaine, puisqu'elle bénéficie davantage des vents et courants chauds venus des tropiques. Note qu'entrent aussi en jeu une multitude d'autres facteurs, notamment d'autres vents (par exemple, les alizés qui soufflent d'est en ouest, ou les jet streams, des vents de haute altitude puissants qui eux, soufflent d'ouest en est et jouent un rôle capital dans la dispersion de la chaleur à la surface du globe). Mais restons-en au mouvement général.

Si je comprends bien : les masses d'air, les hautes et basses pressions dans l'atmosphère, les vents, les courants océaniques, tout cela tourne dans le même sens…

Tu comprends bien ! Les courants océaniques suivent assez fidèlement le schéma de la circulation atmosphérique. Globalement, vents et courants ont le même rôle : transporter l'énergie thermique depuis les tropiques jusqu'aux pôles. Mais leur différence essentielle est que l'eau déplace beaucoup plus de chaleur que l'air (4 000 fois plus à volume égal) et que, comme une masse d'eau a une grande force d'inertie, les courants sont bien plus réguliers que les vents. Une fois démarrés, ils sont difficiles à arrêter. Les vents servent essentiellement à entretenir le mouvement.

Si ces vents s'arrêtent ou diminuent, cela va-t-il tout de même ralentir la circulation de l'eau ?

La configuration générale des courants n'en sera pas perturbée, cela peut, en revanche, engendrer des modifications temporaires de la circulation.

Et c'est grave ?

Parfois, oui, car le climat en est sérieusement bouleversé, mais sur une courte durée. C'est le cas, par exemple, du phénomène El Niño.

J'en ai entendu parler mais je n'ai jamais bien compris de quoi il s'agissait exactement...

On a observé depuis très longtemps qu'au large du Pérou se produisait, certaines années, un changement majeur dans la circulation océanique. En temps normal, les côtes péruviennes sont baignées d'eaux froides en provenance des hautes latitudes, nord et sud. Ces eaux convergent dans la zone équatoriale où elles se réchauffent peu à peu. Elles sont alors poussées vers l'ouest par les alizés et, s'éloignant des côtes, laissent derrière elles des remontées d'eaux profondes (ce qu'on appelle des « upwelling »), froides et riches en éléments nutritifs, qui favorisent la fécondité des populations de poissons, pour le bonheur des pêcheurs péruviens.

Mais de temps en temps, avec une fréquence de trois à cinq ans environ, ce système s'arrête. Les alizés faiblissent de façon drastique et les eaux chaudes de surface ne fuient plus vers l'ouest. Elles s'accumulent le long des côtes péruviennes, bloquant la remontée des eaux profondes. La pêche s'appauvrit très vite, et les pêcheurs aussi... Ce phénomène se produit en général aux environs de Noël, d'où le nom de « El Niño », pour le Niño Dios, l'enfant Jésus, que lui ont donné les Péruviens. Pour marquer la différence, on a appelé les périodes dites normales « La Niña ».

El Niño a des conséquences qui dépassent très largement les côtes de l'Amérique du Sud.

La suspension du flux des eaux équatoriales vers l'Asie du Sud-Est provoque dans ces régions des sécheresses intenses, accompagnées d'incendies de forêt catastrophiques. Des cyclones d'amplitude inhabituelle se forment au milieu du Pacifique tandis que, sur les côtes américaines, l'évaporation augmente et s'abattent des pluies diluviennes.

Les eaux des grands fonds

Tu n'as pas fini de m'expliquer le circuit des courants : tu parlais de « courants profonds » qui seraient un peu comme nos artères, reliées au cœur…

Merci de me le rappeler, heureusement que tu suis ! Les courants profonds sont ceux qui permettent le trajet inverse, de la mer de Norvège vers l'équateur. C'est en mer de Norvège, le cœur de notre circuit de courants, que se forment ces eaux des grands fonds : l'eau relativement chaude en provenance du Sud se refroidit au contact des basses températures de la région. Mais ces températures atmosphériques ne sont pas assez basses pour empêcher une évaporation relativement importante, qui augmente la salinité de l'eau. Ces deux facteurs, refroidissement et salinité, contribuent à densifier ces eaux qui, donc, sont plus lourdes et plongent à grande profondeur. C'est ce qu'on appelle la circulation « thermo-haline » (« thermo » comme chaleur,

« haline », comme sel). Les eaux océaniques sont ainsi « stratifiées » : les plus légères à la surface (à moins de 1 500 mètres de profondeur) sont les eaux dites superficielles, relativement chaudes et peu salées ; les plus denses, dites eaux profondes, au-dessous, très froides et plus salées. Le contraste des densités est le moteur de la circulation des eaux profondes mais celle-ci dépend également de la forme des bassins océaniques. D'ailleurs, ces bassins étaient bien différents il y a une centaine de millions d'années, ce qui veut dire que la circulation océanique l'était aussi, ce n'est bien sûr pas sans conséquences sur l'évolution du climat.

Je note de te rappeler cette histoire de bassins que tu as déjà évoquée et qui m'intrigue. Mais continue : pourquoi l'eau des grands fonds demeure-t-elle plus froide que les eaux superficielles ? Tout cela devrait se mélanger en circulant…

C'est en partie ce qui se passe, tu vas voir. Suivons ce courant d'eaux profondes nord atlantiques qui part de la mer de Norvège. Il descend vers le sud, la force de Coriolis le pousse vers sa droite, vers l'Amérique, il passe l'équateur, entre dans les bassins de l'Atlantique sud, bassin du Brésil, bassin d'Argentine et il arrive au contact de la marge du continent Antarctique. Dans son périple, le courant a perdu peu à peu de sa salinité, et donc de sa densité, par échange avec les eaux superficielles. Il se divise alors : une partie des eaux contourne le continent Antarctique en direction de l'est. Une autre partie remonte le long de la pente continentale de l'Antarctique. Celle-ci se refroidit alors et replonge au fond pour former ce qu'on appelle les « eaux de fond antarctiques » qui envahissent tous les grands fonds océaniques au-delà de 4 000 mètres de profondeur avec une température moyenne de – 1 °C à + 2 °C. Tu te demandais pourquoi ces eaux de fond étaient si froides. Tu constates que ce sont des eaux d'origine polaire. Maintenant il faut bien « boucler la boucle » et que ces eaux de fond rejoignent leur source en mer de Norvège. Les courants profonds remontent vers la surface lorsqu'ils butent contre les masses continentales. Et, dans le chemin du retour, ils se réchauffent à nouveau, perdent peu à peu de leur densité, et rejoignent le Gulf Stream qui les ramènera à la mer de Norvège. La boucle est bouclée.

Comment le réchauffement climatique pourrait-il modifier ce circuit ?

L'eau rejetée dans l'océan par la fonte des glaces polaires est une eau douce, et si le réchauffement climatique provoque une fonte massive des glaces, l'eau des régions polaires sera de moins en moins salée, donc moins dense, ce qui affectera les courants profonds. Ce sera tout le moteur de la circulation « thermo-haline » dont je te parlais à l'instant qui en sera bouleversé, et donc l'ensemble de notre système climatique. Déjà, des études récentes ont relevé des baisses de salinité et des augmentations temporaires de température des eaux profondes.

J'ai même entendu dire que le Gulf Stream risquait de ralentir voire de disparaître. C'est vrai ?

Oui, ce n'est pas impossible. Et si le Gulf Stream s'arrête, le circuit est en panne, avec des conséquences climatiques considérables. Mais n'oublie pas qu'il faut compter entre mille cinq cents et deux mille ans pour qu'une particule d'eau partie de la mer de Norvège y revienne. Ce qui signifie que le climat ne change pas en un clin d'œil, il a une certaine inertie. Heureusement, en un certain sens, car sinon, l'augmentation des gaz à effet de serre, et particulièrement le fameux dioxyde de carbone, le CO_2, dans l'atmosphère se traduirait déjà par un réchauffement global dramatique. Mais hélas, dans la nature, quand un processus est lancé, il est irréversible tant que l'on ne modifie pas ses causes. On peut le ralentir mais, au moins à court terme, on ne peut pas revenir en arrière. Dans les décennies qui viennent, le réchauffement climatique ne pourra que s'accentuer.

Naissance d'un océan

Tu disais tout à l'heure que la circulation des courants profonds dépendait aussi de la forme des océans. Tu veux dire que l'océan Atlantique, que je vois devant moi, n'a pas toujours eu cette forme ?

Non, et même, il n'a pas toujours existé. C'est l'une des plus extraordinaires découvertes que nous ayons faites ces cinquante dernières années. En effet, cette circulation nord-sud des courants profonds était impossible il y a 100 millions d'années parce qu'il n'y avait pas d'ouverture entre les continents, ni au nord, ni au sud. Les eaux froides étaient donc bloquées aux alentours des pôles. La circulation océanique ne se produisait que d'est en ouest au niveau de l'équateur, donc les eaux étaient chaudes, jamais refroidies, et le climat chaud, inhabitable.

Comment peut-on savoir cela ?

C'est une longue épopée scientifique ! Je te donne un premier indice : on trouve, par exemple, des fossiles de poissons sur les continents, dans des régions comme le bassin Parisien ou celui d'Aquitaine et jusqu'au sommet des montagnes !

Cela signifie que ces régions ont été à un moment donné sous la mer ?

Bonne déduction ! En effet, des océans ont existé à certaines périodes en des endroits, d'où ils se sont aujourd'hui retirés. Et, inversement, ils sont aujourd'hui dans des bassins qui n'existaient pas. Première leçon : les bassins océaniques n'ont rien de fixe ni de définitif.

Je commence à comprendre pourquoi je t'ai souvent entendu dire : « les océans naissent, vivent et meurent ».

Et là, je vais te raconter une naissance !

Autre indice : prends ce globe terrestre que j'ai apporté et observe la forme de l'Atlantique. Tu vois, on dirait un grand « S » avec les deux Amériques à gauche, l'Afrique à droite. N'y a-t-il pas quelque chose qui te frappe ?

Si, évidemment ! On dirait les pièces d'un puzzle : le continent africain s'emboîte parfaitement entre les deux Amériques. Tu parles d'une découverte ! Pas besoin d'avoir fait dix ans d'études de géologie pour voir ça.

Je suis bien de ton avis et moi aussi, c'est ce que j'imaginais avec mes copains en 4e ! Mais on nous enseignait le contraire : non, non, pas du tout, c'est un hasard si les formes ont l'air de s'encastrer. J'ai fait toutes mes études supérieures avec cette théorie dite « fixiste » car ce n'est qu'à la fin des années 1950 que des scientifiques ont commencé à reconnaître que les fonds marins, et donc les continents, avaient bougé au cours du temps. Nous savons à présent qu'il y a 190 millions d'années, les continents ne formaient qu'un seul bloc.

Bravo les scientifiques ! Ils avaient pourtant l'évidence sous les yeux…

Je suis d'accord, c'est incroyable que la science ait résisté si longtemps à cette évidence. Mais l'évidence ne suffit pas en science ! Il y avait un gros problème pour prouver cette hypothèse : en admettant que les continents aient un jour formé un seul bloc, comment expliquer ce qui a provoqué leur séparation ? Quelle sorte de force était capable de tirer les continents à la surface des océans comme les remorqueurs tractent des paquebots dans les ports ? Cela paraissait impossible sur le plan physique.

Mesurer les fonds marins

J'ai du mal à croire que personne n'ait essayé de se coller au problème ! Moi, en tout cas, si j'avais été géologue, disons à l'époque de Jules Verne, cela m'aurait passionnée de résoudre la question !

Et peut-être bien que tu l'aurais résolue... mais il t'aurait manqué un élément capital : pouvoir réellement plonger et naviguer vingt mille lieues sous les mers, avec un vrai *Nautilus*, pas seulement en imagination ! Étrangement, les fonds marins n'ont pas suscité beaucoup de curiosité scientifique jusqu'en 1850. Les hommes se sont bien sûr toujours demandé ce qu'il y avait au fond de la mer, les philosophes grecs de l'Antiquité pensaient qu'on y toucherait le centre de la Terre ou que la Méditerranée n'avait pas de fond tant elle leur semblait profonde (alors que 2 400 mètres de profondeur en moyenne, c'est peu comparé à l'Atlantique, mais ils ne pouvaient pas le savoir). Rappelle-toi : la mer n'est pas un milieu naturel pour l'homme, il a très tôt construit des embarcations pour y naviguer mais pour explorer le fond, il a fallu attendre… l'invention du télégraphe et du téléphone !

Quel rapport entre le téléphone et la mer ?

Tu vas voir que la recherche scientifique progresse parfois par des chemins détournés ! Quand on a commencé à vouloir étendre le réseau téléphonique d'un continent à l'autre, il a bien fallu entreprendre de poser des câbles sous-marins. Dans la Manche, entre la France et l'Angleterre, cela n'a pas posé de difficulté parce que les reliefs sous-marins y sont limités, mais dans l'Atlantique, entre l'Europe et l'Amérique, ce fut, si j'ose dire, une autre paire de manches !

Très drôle ! Et pourquoi ?

Nous étions en 1858, nous ne savions pas grand-chose alors des fonds de l'Atlantique. Il faut dire que c'est très difficile de mesurer la profondeur de la mer. On avait tenté de le faire avec des lignes de chanvre, plus tard avec des filins d'acier lestés mais ils étaient souvent déviés par les courants et jamais assez longs. Bref, les bateaux des ingénieurs des télécommunications déroulent leurs câbles et là, ils s'aperçoivent qu'au beau milieu de l'Atlantique les fonds remontent de façon spectaculaire pour redescendre ensuite comme s'il y avait là un ancien continent immergé, peut-être l'Atlantide, cette île engloutie qui avait fait rêver tant de marins depuis Platon. Les Anglais ont alors organisé les premières grandes expéditions océanographiques pour établir des cartes des fonds marins. Le Prince Albert Ier de Monaco en a lancé d'autres entre 1895 et 1910. Mais les instruments demeuraient inappropriés pour atteindre les grandes profondeurs marines. Il a fallu attendre 1915, l'invention du système du sonar par Paul Langevin, pour pouvoir réaliser toutes les mesures de façon plus fiable.

Comment marche le sonar ?

C'est le principe du sondeur à écho : une source sonore et un récepteur en surface. Il suffit de mesurer le temps que met une onde sonore pour descendre au fond, s'y réfléchir et remonter en surface pour en déduire, en connaissant la vitesse de propagation du son dans l'eau (1 500 mètres par seconde en moyenne), la profondeur parcourue. Paul Langevin a perfectionné le principe en utilisant des sources d'ondes sonores et ultrasonores à cristaux de quartz.

Quels ont été les résultats de ces mesures ?

Spectaculaires ! Le relief central de l'Atlantique a été cartographié en détail. On a vu qu'il s'agissait d'une très longue chaîne montagneuse en forme de « S » à laquelle on a donné le nom de « dorsale médio-atlantique » et surtout que cette chaîne se prolongeait dans l'océan Indien et jusqu'au Pacifique sur une longueur totale d'environ 60 000 kilomètres. À son sommet, se trouve souvent une vallée centrale et elle est par endroits sectionnée par de grandes failles transverses, comme un « M ».

Une montagne dans l'océan, quoi !

Pas exactement. Sa morphologie n'a rien de comparable avec les chaînes montagneuses continentales. On était devant un « truc » unique, très énigmatique et qui semblait caractériser tous les fonds océaniques de la Terre. Il allait falloir expliquer cela ! L'aventure ne faisait que commencer.

J'imagine qu'on a dû très vite prélever des roches sur cette chaîne de montagnes pour savoir de quoi elle était faite ?

Bien sûr et, surprise, les roches obtenues par dragages sur le sommet et les flancs de cette chaîne étaient toujours les mêmes : des roches volcaniques du type basalte, avec une composition homogène dans tous les océans. Elles avaient l'aspect particulier que prend la lave lorsqu'elle est éjectée dans l'eau, une structure en forme de coussin (qu'on appelle *pillow* en anglais). Dans l'océan Atlantique, la dorsale centrale est, en fait, constituée d'une suite continue de bouches volcaniques. Des matières provenant des profondeurs de la Terre sont continuellement éjectées et déposées sur le sol. Cette activité se poursuit sur tout le long de la dorsale. Et en Islande, celle-ci émerge de l'océan et se manifeste par l'intense activité volcanique de l'île. Autre grosse surprise, ces bouches volcaniques sont accompagnées d'une intense activité hydrothermale (une circulation d'eau chaude, si tu préfères) qui a permis à des faunes très originales (des vers géants, des crabes et autres crustacés, et d'innombrables bactéries) de se développer autour de véritables petits geysers d'eau chaude. On les appelle les « fumeurs noirs », auxquels sont associées des « oasis ».

De mieux en mieux : non pas une montagne mais carrément un volcan au fond de l'océan ! Autrement dit, si j'avais été géologue, ou océanographe, en 1915, j'avais tous les éléments pour découvrir comment les continents avaient bougé ?

Presque tous en effet. On avait en outre étudié la répartition des faunes et des flores fossiles des deux côtés de l'océan Atlantique et découvert les mêmes espèces en Amérique et en Afrique aux mêmes latitudes, ce qui évidemment plaidait en faveur d'une proximité antérieure des deux continents. Et enfin, en 1912, un météorologiste allemand, Alfred Wegener, avait publié sa théorie de la « dérive des continents »... mais il a été à l'époque tourné en ridicule.

Pourquoi ?

Parce qu'il lui manquait ce qu'il t'aurait fallu aussi découvrir si tu avais été sa contemporaine : les preuves physiques de sa théorie. D'accord, la dorsale médio-atlantique était une chaîne volcanique mais comment cette immense forme allongée qui s'étendait dans les océans du monde entier avait-elle pu faire se déplacer les continents ? C'était là le vrai mystère. On ne va l'élucider que bien plus tard, d'un seul coup au cours des années 1960… et c'est moi qui là ai eu la chance de vivre cette époque et d'y commencer mon métier.

La tectonique des plaques

Raconte-moi alors ce qu'on découvre et comment.

Encore une fois, la recherche a pris des chemins inattendus grâce à… la Seconde Guerre mondiale, ou plutôt grâce à la recherche militaire qui s'en est suivie. Durant le conflit, les sous-marins allemands avaient été particulièrement meurtriers pour les navires alliés dans l'Atlantique Nord et, au sortir de la guerre, l'US Navy entreprit des recherches pour perfectionner un système de détection des engins sous-marins. Il s'agissait de les repérer par leur empreinte magnétique. Étant métalliques, ils agissent comme des sortes d'aimants et perturbent localement le champ magnétique. Mais pour pouvoir les détecter, il faut au préalable un champ de référence, c'est-à-dire connaître le magnétisme de l'océan sans sous-marin, d'où la nécessité d'obtenir des cartes détaillées. Pour cela, la Navy a financé des expéditions de recherche océanographique universitaire (qui furent aussi mes premières expéditions) en échange de ces relevés magnétiques. Il suffisait à nos bateaux de traîner derrière eux des magnétomètres qui enregistraient en continu l'intensité du champ magnétique.

Là, je demande une petite halte ! Peux-tu d'abord m'expliquer cette histoire de magnétisme ?

Tu sais ce que sont des aimants ? Ce sont des petites barres de fer magnétisées qui s'attirent ou se repoussent quand on les rapproche. À chaque bout de l'aimant, il y a un pôle : un pôle « nord » et un pôle « sud ». Les pôles de polarités opposées (un nord et un sud) s'attirent, les pôles semblables (un nord et un nord) se repoussent. Or, la Terre possède un noyau dur qui contient beaucoup de fer et autour, un noyau liquide qui est parcouru de courants de convection, ce qui produit des courants électriques et des champs magnétiques, comme une dynamo. Cela fait de la Terre un gigantesque aimant auquel est associé un champ magnétique, étalé sur toute la planète, que détecte ta boussole. La Terre a un pôle nord magnétique situé quelque part dans le grand Nord canadien, et un pôle sud magnétique situé dans l'Antarctique. Découverte importante pour notre sujet : les pôles magnétiques se déplacent à la surface de la Terre et même parfois s'inversent. Les roches et les sédiments conservant leur champ magnétique d'origine, les géologues ont pu ainsi remarquer des inversions plus ou moins régulières du magnétisme terrestre, environ tous les millions d'années. Il y a cependant des interruptions de ce phénomène plus longues, parfois de plusieurs dizaines de millions d'années. On ne sait pas vraiment pourquoi les pôles s'inversent mais c'est un fait : on appelle cela des « anomalies » magnétiques.

Revenons dans ton bateau avec ses magnétomètres : qu'a-t-il trouvé en les traînant dans l'Atlantique ?

Une découverte extraordinaire qui va révolutionner toute notre connaissance de la mer, donc de la Terre. En relevant les mesures, on s'est aperçu que de part et d'autre du sommet de la dorsale médio-atlantique, de façon absolument symétrique, on enregistrait, sur toute la longueur de la dorsale (et on le vérifiera ensuite partout dans le monde), les mêmes successions d'anomalies magnétiques. Si on représente le champ magnétique actuel en noir et le champ magnétique opposé en blanc, on a comme une peau de zèbre, de bandes noires et blanches, de part et d'autre.

Qu'est-ce que cela veut dire ?

On savait déjà, depuis les travaux d'un chercheur français, Bernard Brunhes, que le champ magnétique avait connu une succession d'inversions dans le passé et que celles-ci avaient été enregistrées dans les accumulations de laves du Massif Central. Il était donc probable que les anomalies magnétiques enregistrées par les roches volcaniques des dorsales se révèlent en fait des témoins de la formation de la croûte océanique dans le passé. Car, voilà comment se forme la croûte océanique : la matière volcanique sort des deux côtés de la dorsale, s'étale puis est repoussée plus bas par l'éruption suivante et ainsi de suite ; la couche la plus récente se trouvant la plus proche du sommet de la dorsale. C'est pourquoi les fonds marins doivent s'élargir régulièrement, être en perpétuelle expansion.

Mais alors, la surface de la Terre devrait aussi s'agrandir si ça pousse au fond, et notre planète devenir plus grosse ?

Non, parce que la matière formée aux dorsales retourne à l'intérieur de la Terre, se glisse sous la croûte terrestre, et compense l'expansion. On appelle ça la « subduction ». La croûte océanique ancienne, dense et lourde, s'enfonce soit sous la croûte continentale plus légère, soit sous des portions de croûte océanique plus jeunes, et donc aussi plus légères. Il s'établit ainsi une circulation de matière de la surface jusqu'à l'intérieur de notre planète. On dénombre ainsi à la surface de la Terre une dizaine de plaques, en plus des plaques Atlantique et Pacifique, qui bougent sans cesse. Cette activité globale est désignée par l'expression : « tectonique des plaques ».

Tu dis que cette croûte disparaît, où va-t-elle ?

Quand une plaque s'enfonce sous une autre, les roches sont emmenées de plus en plus loin et de plus en plus profondément sous le continent, où elles rencontrent des températures de plus en plus élevées (elles progressent d'environ 3 °C tous les 100 mètres). Selon leur composition chimique, ces matières entrent tour à tour en fusion. Des poches de laves se forment, qui ont tendance à remonter vers la surface. Elles sont éjectées par les volcans. D'où la belle séquence de zones sismiques et volcaniques que nous connaissons au frottement des plaques, notamment sur tout le pourtour ouest de l'Amérique, des Andes jusqu'au Mexique et à l'Alaska, et de l'autre côté de l'océan, au Japon. Ce volcanisme qui borde l'essentiel du Pacifique a été baptisé la « ceinture de feu du Pacifique ». On note aussi, côté Atlantique, toute la région de l'Amérique centrale aux Antilles qui a été le lieu d'éruptions volcaniques de grande envergure (le mont Pelé en Martinique en 1902 et le tremblement de terre de Haïti en 2010). De même, la région sismique qui traverse la Méditerranée jusqu'à la mer Rouge est marquée par les volcans italiens (Vésuve, Etna, Stromboli, et la fameuse éruption du Santorin au IIe millénaire av. J.-C).

Près des trois-quarts de la croûte terrestre a été formée de cette façon, et nous ne le savions pas avant les années 1960 parce que personne jusqu'alors n'avait pu se douter que tout venait du fond de la mer. La théorie de la tectonique de plaques a été présentée en 1967 à Washington lors du Congrès annuel de la American Geophysical Union par un géophysicien américain Jason Morgan… devant un amphi pratiquement vide parce que tout le monde était parti déjeuner. Mais elle a très vite été publiée et reconnue par le monde scientifique.

Des volcans sous la mer

Mais à la base, qu'est-ce qui fait bouger tout cela ?

Tu as raison : il faut un moteur. Les volcans, ça ne suffit pas : la lave qu'ils émettent est d'abord très fluide, comment serait-elle capable de pousser des plaques terrestres sur plusieurs milliers de kilomètres ? Il faut que le moteur soit plus profond, à l'intérieur du manteau de la Terre.

La Terre a un manteau ? Je ne vois pas bien…

La Terre est comme un œuf. La coquille, c'est la croûte terrestre (la croûte continentale et la croûte océanique). Au cœur, le jaune, le noyau, est constitué d'un magma ferreux en fusion (à plus de 4 000 °C). Autour, le manteau, visqueux comme du blanc d'œuf, se déforme à la chaleur comme de la cire. Il se crée à l'intérieur du manteau des courants de convection, comme dans une casserole, avec des zones chaudes au centre et des zones froides sur les côtés. Cela fait remonter les roches du manteau au sommet des dorsales, qui coulent de part et d'autre et écartent petit à petit la croûte, en formant une sorte de cicatrice qui se remplit avec le volcanisme.

La tectonique des plaques explique-t-elle tout le volcanisme de la planète ?

Non, pas tout. L'essentiel du volcanisme provoqué par la tectonique des plaques se trouve aux frontières des plaques, soit quand elles s'écartent (les volcans surgissent dans la cicatrice de l'océan), soit quand il y a subduction (c'est l'exemple que nous avons évoqué tout à l'heure avec la « ceinture de feu du Pacifique »). Ce système-là est permanent et régulier. Mais il existe aussi un volcanisme accidentel, avec des volcans nés en plein milieu de l'océan ou intra-plaque, au centre d'une plaque. On a mis longtemps à comprendre d'où il venait. Et on a découvert qu'il pouvait provenir de plus profond encore, de la limite du noyau de la Terre, à la base du manteau, une zone très instable dont se détachent parfois des panaches de matière en fusion capables de remonter à la surface. On appelle ces volcans les « points chauds ». On en a identifié une bonne cinquantaine à la surface de la Terre, certains étant presque éteints, d'autres, comme à la Réunion ou à Hawaï, très actifs. Ces points chauds ne sont pas liés à la tectonique des plaques mais ils nous renseignent sur leurs déplacements. Imagine une flamme de chalumeau fixe au-dessus de laquelle tu poses une plaque de métal. Cela fait un trou. Tu déplaces ta plaque de 5 millimètres, cela fait un autre trou. On suit ainsi le mouvement des plaques.

L'océan est alors plein de volcans qui parfois sortent de l'eau par hasard ? Est-ce que certains disparaissent aussi ?

Disparaissent à nos yeux, oui. Ils s'enfoncent. Par exemple, les atolls du Pacifique sont des volcans immergés.

Alors, j'ai nagé dans un volcan ? C'est vrai que l'eau était très chaude, et il y avait aussi des poissons multicolores, des gorgones et de magnifiques coraux... Dis-moi ce qu'est exactement un atoll et comment il se forme.

Ça commence par un volcan sous-marin qui remonte d'un des points chauds dont nous venons de parler. La lave se fraie un chemin entre les couches terrestres, atteint la surface et forme une île volcanique. Autour d'elle, des colonies de coraux multicolores s'installent à quelques mètres sous la surface de l'eau. Je te précise que, contrairement aux apparences, le corail n'appartient pas au monde végétal mais animal...

Je le savais, ça va sans dire !

... Mais ça va mieux en le disant. Le corail, donc, est un organisme animal marin qui vit en bancs, comme certains poissons. Une de ses principales caractéristiques est d'avoir besoin de beaucoup de lumière pour vivre. Il s'installe donc en faible profondeur, là où les rayons du Soleil pénètrent encore suffisamment. Il faut aussi au corail de la chaleur : le Pacifique tropical, entre les latitudes 30 °Nord et 30 °Sud, avec son eau à 27 °C, est idéal, et aux alentours d'un volcan, c'est encore mieux. Le banc de corail prend donc ses quartiers tout autour de l'île que constitue le volcan. Par conséquence de l'activité tectonique, le sous-sol marin s'enfonce lentement de part et d'autre des dorsales. Il entraîne avec lui l'île tout entière, y compris sa ceinture de corail. Menacés de plonger dans l'obscurité des profondeurs, les coraux vont alors grandir pour continuer à bénéficier de l'éclairage solaire.

Il faut qu'ils grandissent vite, alors !

Deux cas sont possibles. Soit ils croissent plus vite que le sol ne s'enfonce et alors, le corail restera dans la zone éclairée, formant un récif ou une barrière autour du cratère immergé du volcan, dans lequel il se formera un lac très chaud, ouvert ou non sur l'océan. Nous aurons alors un atoll classique comme sur les cartes postales, avec requins et touristes. Soit l'enfoncement du sous-sol est trop rapide pour que le corail survive et tout disparaît. Il restera dans les profondeurs obscures un piton rocheux comme résidu du volcan, nommé « guyot ». À ce propos, note que l'immense majorité des guyots du Pacifique, et en fait du monde entier, ont été datés d'une période particulière : le Crétacé « moyen ». Ils ont en général entre 120 et 90 millions d'années. Cette période correspond à un réchauffement climatique global majeur, associé à une rapide montée du niveau des mers, résultant d'un effet de serre particulièrement fort, lui-même causé par un événement volcanique sous-marin exceptionnel. C'est très probablement ce qui a causé la disparition de centaines d'atolls, devenus guyots, à cette période.

Peut-on craindre des morts d'atolls comparables aujourd'hui ?

Les récifs coralliens, comme tu l'as compris, sont délicats : si le niveau de la mer monte, ils peuvent mourir de trop peu de lumière, si l'eau se réchauffe trop, de multiples organismes microscopiques dont se nourrissent les coraux disparaissent et ceux-ci perdent leurs magnifiques couleurs, ils deviennent blancs et meurent eux aussi. Actuellement, on craint en effet pour les coraux dans de multiples régions du monde. La Grande Barrière de corail, à l'est de l'Australie, le plus vaste domaine corallien du monde, a perdu environ la moitié de ses coraux depuis 1985. Cette hécatombe est due à une étoile de mer particulièrement vorace mais aussi à l'effet de plusieurs cyclones et tempêtes et, bien sûr, au réchauffement climatique. Nous sommes loin de l'événement volcanique du Crétacé moyen mais la disparition des coraux est un indice inquiétant de notre évolution climatique.

Le ballet des continents

Revenons à la tectonique des plaques. C'est ainsi qu'on a compris comment s'était produite la dérive des continents ?

Oui et le brave Wegener a été, un peu tardivement, réhabilité, du moins pour son intuition, car à l'époque, son explication ne tenait pas la route. Mais on sait à présent quand et comment sont nés les océans… et comment les continents continuent de s'écarter.

Alors raconte : « Il était une fois… la Terre, avec un grand océan et un gros morceau de terre solide »…

C'était il y a 1 milliard d'années. Tout bouge au cœur de la Terre et même à sa surface – l'activité tectonique aurait débuté, d'après ce que l'on sait, environ 2 milliards d'années plus tôt. À cette époque, la vie terrestre est encore microbienne. Il existe un continent unique nommé « Rodinia ». On pense que, durant cette période, la Terre aurait été à plusieurs reprises entièrement couverte de glace : une « Terre boule de neige ». Rodinia se scinde ensuite en plusieurs pièces continentales tandis que dans la mer, débute, il y a un peu plus de 500 millions d'années, le grand chapitre de l'évolution de la vie que nous appelons l'« explosion du Cambrien ». Naissent les arthropodes, les mollusques et bien d'autres animaux disparus depuis. Puis commence un nouveau chapitre d'assemblage de pièces pour redonner naissance à un continent unique. Cette réunification est achevée il y a 200 millions d'années. C'est l'époque des dinosaures et des conifères. Le grand océan s'appelle « Panthalassa » (« toute la mer », en grec) qui deviendra le Pacifique. Le grand continent s'appelle « Pangée » (« toute la terre », en grec toujours). Au nord-est de l'Afrique, se profile déjà une grande avancée océanique qu'on appelle la mer « Thétys ». Sur la Pangée, vivent des reptiles géants, la végétation est luxuriante. Sous l'effet des mouvements intérieurs de la masse planétaire, que je viens de t'expliquer, la Pangée va se fragmenter d'abord en deux continents : « Laurasia » au nord, qui deviendra l'Asie, l'Europe et l'Amérique du Nord et « Gondwana » au sud, qui donnera l'Afrique, l'Amérique du Sud, l'Australie, l'Antarctique et l'Inde.

Quarante millions d'années plus tard, une mer occupe l'espace entre la (future) Amérique du Nord et la (future) Afrique : c'est la naissance de l'océan Atlantique qui est un peu la poussée vers l'ouest de la mer Thétys. Encore quarante millions d'années plus tard, la fracture s'élargit et les (futures) Amérique du Sud et Afrique se disjoignent, ouvrant progressivement l'Atlantique vers le pôle austral au sud et vers la (future) Islande tandis qu'au sud-est un ensemble continental se détache de la côte est de l'Afrique, qui deviendra l'Antarctique, l'Australie et l'Inde.

Cette dernière va remonter rapidement vers le nord et se cogner à l'Asie en se glissant en partie dessous. De ce choc naîtra l'immense chaîne de l'Himalaya. Enfin, il y a 40 millions d'années, la structure des continents a pris à peu près la forme qu'on lui connaît de nos jours. Et les continents ont continué de s'étirer, de s'écarter les uns des autres. Encore aujourd'hui, l'Amérique et l'Europe s'éloignent d'environ deux centimètres par an l'une de l'autre.

Quel chantier !

Tu peux le dire ! Quiconque aurait observé depuis l'espace et en accéléré la géographie de notre planète aurait eu l'impression d'assister à un ballet frénétique : attraction, répulsion, un seul continent, scissions, et à nouveau fusion, puis encore des séparations spectaculaires, et des pièces isolées qui se recollent pour former un seul continent, pour ensuite se refracturer en morceaux…

On dirait un mouvement en accordéon.

En effet, et on peut se demander si c'est dans la nature de la Terre de bouger en accordéon (assemblage-dispersion) ou si c'est un mouvement aléatoire…

En fait, tout flotte à la surface de la Terre, rien n'est fixe !

Tu as tout compris : tout flotte… même l'océan !

Et le Pacifique, dans tout ce remue-ménage,

comment s'en est-il tiré ? J'imagine que ce n'est pas sans chahut qu'il a vu son bassin se réduire ?

Il est plus petit qu'au temps de la Pangée, certes, mais demeure encore le plus vaste des océans : il occupe pratiquement la moitié du globe. Son histoire est plus compliquée à reconstituer que celle de l'Atlantique, d'ailleurs ses fonds sont beaucoup plus accidentés, surtout sur sa partie ouest. On trouve là une collection de fosses très profondes (la fosse des Mariannes, avec ses 11 kilomètres est la plus profonde du globe), de montagnes et de volcans. Il a aussi une dorsale, d'où émerge le magma du cœur de la Terre, mais plus modeste comparée à celle de l'Atlantique qui s'étend sur toute sa longueur. Elle descend le long de la côte ouest du Mexique vers le sud pour ensuite remonter vers l'Australie. En fait, il semblerait que, dans un très lointain passé, la croûte océanique du Pacifique ait comporté pas moins de cinq dorsales reliées les unes aux autres à peu près en étoile. Quatre de ces dorsales auraient progressivement été entraînées par les mouvements de subduction dans les grandes fosses de l'ouest de l'océan.

Les sédiments marins, archives de la Terre

Avec la tectonique des plaques et la dérive des continents, on peut tout expliquer de l'histoire de la Terre ?

Non, pas tout à fait. Mais ce qui est sûr, c'est que la mer en est le seul enregistreur parce que s'y trouvent, accumulés dans le fond, des sédiments qui permettent de remonter très loin dans le temps.

Mais on tombe aussi sur des tas de couches de sédiments en creusant la terre, si je me souviens bien de mes cours de SVT !

Oui mais c'est différent. On découvre soit des sédiments équivalents à ceux du fond des mers, qui ont été soulevés et émergés lors de la formation des chaînes de montagnes, soit des sédiments récents, et formés sur place, comme les loess, apportés par les vents, ou des sédiments lacustres, âgés seulement de quelques millénaires.

Évidemment, à ce compte-là, ce sont à peine des bébés géologiques !

Ah, c'est sûr que les géologues, ou les astrophysiciens, ou les océanographes, ne sont pas pressés ! Ils pensent en millions d'années ce que tu penses en jours. Mais ne trouves-tu pas fascinant d'imaginer que, dans les sédiments enfouis dans les grands fonds marins, puisse se lire, presque page par page, la trace de ce qu'était la Terre jusqu'à il y a 200 millions d'années ?

Si, bien sûr, c'est comme une grande tour d'archives englouties.

Exactement : l'océan, ce sont les archives de la Terre. Comme un grand thermomètre historique qui nous a permis de reconstituer l'évolution du climat des derniers millions d'années, ce qui n'est déjà pas mal, et à partir de là, de comprendre comment marche tout le système Terre : océan-atmosphère-biosphère. Le climat résulte d'interactions permanentes entre ces trois éléments. Tout est là, dans cette petite boule de planète perdue au milieu de ce noir immense. Rien ne vient de l'extérieur, sauf l'énergie du Soleil… et l'eau des comètes !

Comment faites-vous pour mesurer le climat d'il y a 1 million d'années ?

On pratique des forages dans les fonds marins. Comme en géologie, on prélève des « carottes » d'environ 30 mètres, et on continue plus profond, jusqu'à parfois 2 kilomètres : en descendant dans l'espace, on remonte dans le temps. Dès qu'on est un peu loin du continent, ces colonnes sédimentaires sont fabriquées presque exclusivement de restes de plancton constitué d'organismes marins, plantes ou animaux minuscules, soit calcaires, soit siliceux, qui vivaient en surface et sont tombés au fond une fois morts. Or, si ces organismes vivent peu de temps (environ quinze jours) – ce sont des organismes monocellulaires comme des amibes, ou des microalgues –, ils mutent en permanence selon les lois de l'évolution et leurs mutations nous renseignent en général sur les changements du climat. Elles sont formidables, ces petites bêtes, de vrais thermomètres : on connaît grâce à elles la température et la salinité de l'eau à l'époque où elles vivaient, avec une précision extraordinaire, à un siècle près !

Je traduis : en temps géologique, c'est un dixième de seconde !

Et même moins : un centième de seconde si on ramène à une année l'âge de l'Univers !

Mais je ne comprends pas comment ces bestioles qui ont vécu il y a des millions d'années ont pu garder la trace de la température qu'il faisait !

Nous pouvons mesurer certains phénomènes physico-chimiques, notamment la présence d'oxygène, qui reste détectable dans les coquilles calcaires de ces organismes. Petit rattrapage de chimie : l'oxygène possède plusieurs « isotopes » (plusieurs versions, si tu veux) dont l'oxygène 16 (celui qui se trouve dans l'eau que l'on boit et l'air que l'on respire) et l'oxygène 18 (qui se trouve principalement dans l'eau de mer). Et, pour faire vite sans t'ennuyer, le dosage de ces deux isotopes nous renseigne sur la température : si nous trouvons dans les coquilles du plancton beaucoup d'O18 et peu d'O16, cela signifie que ces organismes ont vécu dans une époque froide. On procède de la même façon en étudiant les bulles d'atmosphère ancienne piégées dans les glaces polaires. C'est ainsi, par exemple, que l'on a pu reconstituer le rythme régulier des glaciations et réchauffements climatiques depuis environ 1 million d'années : tous les 100 000 ans se produit une ère glaciaire.

La pompe biologique

À quoi voit-on aujourd'hui, en creusant sous la mer, les risques de dérèglement climatique ?

On trouve, par exemple dans les sédiments, des teneurs en gaz carbonique (CO_2) et des températures qui n'ont plus rien à voir avec celles d'aujourd'hui : actuellement, le CO_2 a doublé par rapport aux maximums qu'il a connus tout au long des ères glaciaires et interglaciaires. Comment expliquer ce déséquilibre ? Comme nous l'avons déjà évoqué à propos des courants, la mer est une véritable « pompe biologique ». En surface, les petits organismes du plancton échangent avec l'atmosphère : le plancton végétal, le plus abondant, absorbe une grande partie de son CO_2. À l'inverse, dans les grands fonds où ils tombent après leur mort, ils libèrent beaucoup de CO_2 qui remontera, grâce aux courants, vers la surface pour retourner dans l'atmosphère d'où il sera à nouveau absorbé par le plancton. Ce recyclage permanent régule la quantité de gaz carbonique dans l'atmosphère.

Si la circulation des courants est très active, la pompe permet à l'océan d'absorber beaucoup de CO_2 ; si elle l'est moins, le CO_2 s'accumule dans l'atmosphère. Or, comme tu le sais sûrement, ce gaz est l'un des gaz à effet de serre les plus importants. La pompe biologique est donc un des éléments essentiels de contrôle de la température globale.

Aujourd'hui, donc, la pompe patine ! C'est par comparaison avec le passé que l'on peut affirmer que jamais le CO_2 n'avait été aussi présent dans l'atmosphère qu'aujourd'hui ?

En effet, sa teneur actuelle est exceptionnellement élevée. Elle n'avait pas atteint une telle valeur depuis des millions d'années et elle augmente à un rythme extrêmement rapide depuis les années 1950.

Ce gaz est émis naturellement lors des éruptions volcaniques ou des incendies de forêts et par l'ensemble des phénomènes biologiques (respirations animales et végétales, dégradations des substances biologiques). La quantité mondiale annuelle produite par ces sources naturelles est d'environ 3 milliards de tonnes de carbone. Mais on évalue à 7 milliards de tonnes (plus de deux fois plus !) le carbone produit par l'utilisation humaine des énergies fossiles et par la déforestation. Car une partie de ce gaz est absorbée, d'une part par les eaux de l'océan, selon le processus que je viens de t'expliquer, et d'autre part par la végétation terrestre qui s'en nourrit.

Tu as déjà évoqué les effets du réchauffement climatique sur le niveau de la mer à propos de la disparition des atolls. Mais il y a une chose que je ne comprends pas : tu m'as dit en commençant que le volume d'eau dans la mer mondiale était constant et, là, tu me dis que le niveau monte. D'où vient cette eau alors ?

En se réchauffant la masse d'eau océanique se dilate, donc prend plus de place, et le niveau de la mer s'élève. Les glaces des calottes polaires, qui se forment par accumulation de neige devenue glace, fondent de plus en plus. Ce transfert d'eau des continents dans la mer fait monter son niveau. À ce propos, il faut distinguer ces glaces polaires de la « glace de mer », que l'on appelle la banquise, qui est de l'eau de mer gelée. La fonte de la banquise (car elle aussi a tendance à fondre) n'augmente pas le niveau de la mer. Tu peux facilement vérifier cela en laissant fondre un glaçon dans un verre d'eau : le niveau de l'eau dans le verre ne montera pas. En revanche, la disparition de la banquise a des effets catastrophiques sur les faunes locales, comme les ours polaires, qui sont gravement menacés. Sans compter que la banquise joue un rôle essentiel dans l'équilibre du climat. Sa surface blanche réfléchit les rayons du soleil : sa disparition entraînera un ensoleillement direct plus intense et donc une augmentation des températures. On estime que la banquise d'été aura complètement fondu dans quelques années.

Tu m'as expliqué les raisons de cette hausse du niveau de la mer, quelles en sont les conséquences ?

Entre une période glaciaire et une période interglaciaire, le niveau de la mer varie d'environ 130 mètres, pour une variation de température globale de seulement 5 à 6 °C. Les estimations récentes prédisent une montée des eaux de 40 centimètres à peut-être plus d'1 mètre, pour un réchauffement de 2 à 4 °C d'ici à la fin de ce siècle si nous arrivons à réduire nos émissions de gaz à effet de serre. Mais ce sera peut-être le double si nous n'y arrivons pas.

Si je calcule bien, je ne comprends pas pourquoi une augmentation de température de 2 à 4 °C ne ferait monter le niveau de la mer que d'environ 1 mètre alors que tu disais qu'il variait de 130 mètres avec une hausse de 5 à 6 °C…

Il s'agit de deux contextes différents. En période glaciaire, il y a un très grand volume de glace qui peut fondre. En période interglaciaire, il reste beaucoup moins de glace disponible sur les calottes polaires et cette différence de volume des glaces explique une moindre élévation du niveau de la mer. Mais aujourd'hui, cette montée des eaux menace de nombreux pays de très basse altitude. Rien qu'en France on peut s'attendre, par exemple, à voir disparaître la Camargue et il faut se préparer à des transferts massifs de populations dans le monde :

de nombreuses régions comme les atolls et les grands deltas vont devenir inhabitables, ce qui jettera sur les mers et sur les routes des millions de « réfugiés climatiques ».

La mer asphyxiée

Alors, il faut prendre soin de la mer !

Il faut prendre soin de tout : de l'atmosphère, de la biosphère, des arbres, des émissions de CO_2, et bien sûr de la mer. Et, pour commencer par l'évidence, il faut cesser de la prendre pour une poubelle. Sais-tu que se retrouvent en haute mer des accumulations gigantesques de déchets qu'on appelle des « continents de plastique » ?

J'ai participé une fois à un grand ratissage de la plage et j'étais éberluée par la quantité de sacs et bouteilles de plastique que nous avons ramassée. Alors en mer, je n'arrive pas à imaginer ce que ça donne. Ces continents, ce sont comme des îles ?

Le mot « continent » est un peu exagéré car on ne pourrait pas y aborder sans s'y noyer ! Il s'agit d'étendues immenses même si la densité des déchets y est faible (environ un objet par mètre carré). Un navigateur a découvert il y a déjà une quinzaine d'années, en traversant une région peu fréquentée du Pacifique, une surface gigantesque occupée ainsi par des déchets de plastique. Sa superficie est trois fois supérieure à celle de la France, ce qui représente des milliers de milliards de débris : des bouteilles et des sacs, mais aussi des kayaks, des ballons de foot, des jouets d'enfant… Ils ont dérivé durant des années peut-être (le plastique a une durée de vie de plusieurs siècles) et ont échoué là, dans cette vaste zone encerclée par les courants océaniques, où ils tournent en rond indéfiniment. Depuis, on a trouvé trois autres zones analogues dans le Pacifique, l'Atlantique et l'océan Indien.

C'est terrible ! Il paraît que les poissons s'asphyxient avec les sacs plastique.

C'est vrai, les effets sur la faune marine sont catastrophiques : les tortues, les albatros, les bélugas, les dauphins, les prennent pour des méduses et, en les avalant, s'étouffent. D'après le Programme environnemental des Nations Unies, les débris de plastique causent la mort de plus d'1 million d'oiseaux et plus de 100 000 mammifères marins chaque année. Des seringues, des brosses à dents, des briquets ont été trouvés dans les estomacs des animaux morts. Dis-toi bien que tout ce qui peut être entraîné par l'eau à la surface des continents finit tôt ou tard à la mer.

Sans parler de ce qui y est directement jeté : le pétrole, les produits chimiques…

… Et le dégazage, qui est, là, une pollution délibérée : les pétroliers vont au large pour nettoyer leurs cuves et les résidus pétroliers avec les produits de nettoyage sont jetés par-dessus bord. Mais, de façon moins directe, nos activités industrielles produisent des éléments chimiques qui sont bien souvent dissous dans l'eau et se retrouvent dans les rivières et dans la mer. De même que les produits utilisés dans la production agricole, par exemple des fertilisants très riches en phosphates et en nitrates. Ou encore des résidus industriels riches en métaux lourds dissous, comme le plomb et le mercure, dont on a longtemps ignoré les effets nocifs et qui sont maintenant très surveillés. Bien souvent, on ne repère ces polluants que par les effets qu'ils produisent sur la faune et la flore marine. C'est ainsi que l'on a pu détecter des zones maritimes où toute vie a disparu. On les appelle des « zones mortes ».

Tu veux dire des zones où il n'y a plus que l'eau de la mer, sans rien qui puisse vivre dedans ? Comment en arrive-t-on là ?

Par manque d'oxygène. Les poissons et les autres formes de la vie aquatique respirent l'oxygène dissous dans l'eau pour vivre. Quand, dans certaines régions du globe, cette molécule vient à manquer, tous les êtres vivants meurent. La plus grande zone morte connue se trouve dans le golfe du Mexique. Elle est équivalente en surface à la moitié de la Belgique. Il y en a également une dans la mer Baltique. Dans cette région, les immersions massives de munitions après la Première Guerre mondiale auraient joué un rôle fatal. Selon les observations par satellites, la surface totale des zones mortes dépasserait dix fois celle de la France.

Mais pourquoi l'oxygène disparaît-il ?

Dans la plupart des cas il s'agit d'un phénomène que l'on a baptisé du nom compliqué d'« eutrophisation ». En zone littorale avec un arrière-pays très agricole, où se pratiquent élevages et cultures intensifs, des résidus de fertilisants, riches en éléments nutritifs très efficaces (pas pour tout le monde !), en particulier nitrates et phosphates, contribuent à la prolifération d'algues vertes. Résultat : les rayons du Soleil ne peuvent traverser ce couvert végétal dense qui absorbe lui-même de grandes quantités d'oxygène et en prive la nappe aquatique sous-jacente. Les poissons tentent généralement d'éviter ces régions. Les animaux qui n'arrivent pas à fuir, par exemple les organismes peu mobiles comme les mollusques, n'échappent pas à la mort. Leurs corps tombent au fond de l'eau où ils se décomposent. Cette décomposition utilise aussi de l'oxygène, ce qui accroît encore la gravité du processus qui aboutit donc à la mort de la zone. Il y a aussi des conséquences très graves pour les riverains. Ces tapis d'algues vertes qui recouvrent les plages sur plusieurs dizaines de centimètres d'épaisseur se décomposent à l'air en libérant des gaz extrêmement toxiques. Des accidents mortels ont eu lieu ces dernières années sur certaines plages bretonnes.

Ce phénomène est-il toujours d'origine humaine ?

Non, des régions sans oxygène existent naturellement dans des couches profondes, celles de la mer Noire par exemple, où il n'y a pratiquement pas d'échanges entre les eaux de surface et celles du fond. Le manque de circulation maintient des conditions très pauvres en oxygène dans les eaux profondes. Alors, rien n'y survit… Cette asphyxie « naturelle » des océans a probablement joué un rôle important lors de plusieurs des bouleversements planétaires, responsables des grandes extinctions du passé. Aujourd'hui, ce phénomène s'accroît considérablement à cause de la pollution industrielle (par exemple, pour la mer Noire, celle qui est transportée par le Danube) et il paraît difficile à résorber. Sans compter que l'augmentation des gaz à effet de serre dans l'atmosphère a pour effet d'acidifier l'eau de la mer, ce qui provoque également de graves déséquilibres de la faune et de la flore marines.

Comment ça marche, l'acidité ?

La mer absorbe environ deux tiers du gaz carbonique (qui, une fois dissous dans l'eau, devient un acide) de l'atmosphère. Celui-ci augmentant, les eaux océaniques sont environ 30 % plus acides qu'avant la période industrielle. Une acidité très élevée est nocive pour les organismes qui ont des structures calcaires comme le plancton, les huîtres et les moules, dont les coquilles se fragilisent, ce qui menace leur survie. Or, la disparition progressive de ces organismes a des répercussions sur toute la chaîne alimentaire marine, qui va du plancton aux espèces qui s'en nourrissent (poissons et autres), puis aux gros poissons qui mangent les petits, etc. C'est toute la vie marine qui en est affectée.

Les poissons en danger

Il se pourrait alors qu'il n'y ait bientôt plus de poissons dans la mer ?

C'est déjà ce qui se produit à grande échelle, oui. Et, là encore, l'activité humaine en est responsable. Responsable deux fois d'ailleurs : une première fois par tout ce que nous venons de constater sur les effets de l'industrialisation et de l'agriculture intensive, une deuxième fois par la pêche qui est pourtant elle-même touchée par la désertification de la mer engendrée par la pollution. Tu vois, c'est un cercle infernal. Pollution et pêche intensive se renforcent l'une l'autre pour vider la mer. Depuis 1945, on a calculé que l'abondance des poissons comestibles a été divisée par six tandis que celle des poissons pêchés a été multipliée par dix. Fais le calcul ! Résultat : les pêcheries font faillite, des milliers de pêcheurs ont été mis au chômage, ce sont des régions entières qui s'appauvrissent.

Il faudrait interdire la pêche alors ?

Non, bien sûr : de façon raisonnée, la pêche, comme la chasse, peuvent être utiles à la régulation des espèces. Mais l'homme est un prédateur déraisonnable et incontrôlé, d'une efficacité redoutable lorsqu'il utilise des techniques ultrasophistiquées pour pêcher, des filets à mailles fines (qui sont interdits mais continuent d'être utilisés), le chalutage en eaux profondes qui racle les fonds, ramasse tout et détruit les écosystèmes, ou même des satellites pour repérer les bancs de poissons.

On n'a qu'à arrêter de manger du poisson ! Moi, au passage, ça m'arrangerait parce que je n'en raffole pas…

Je sais mais ce n'est pas non plus une solution. D'abord parce que c'est irréalisable – comment interdire au monde entier la consommation de poisson ? –, ensuite parce que toutes les mesures qui consistent à rompre brutalement une chaîne menacent l'équilibre de l'ensemble. La pêche intensive fait d'ailleurs partie de ces changements brutaux et on voit le résultat. Et très rapidement. Il est difficile de croire qu'il y a seulement quelques siècles, les morues, qui ont aujourd'hui presque disparu, étaient si abondantes dans l'Atlantique Nord qu'on pouvait les prendre à mains nues ! Selon un vieux récit de pêcheur, elles encombraient tellement les ports à Terre-Neuve qu'il était parfois impossible aux navires d'arriver jusqu'aux quais pour s'amarrer. Jacques Cartier, arrivé au Canada en

1534, racontait même qu'on aurait pu débarquer au large et entrer dans le port à pied sec en marchant sur le dos des morues !

Sans remonter jusqu'à Jacques Cartier, je me souviens de la Gaspésie au Québec, lorsque j'étais enfant. Je partais parfois avec les pêcheurs de morues sur leurs grandes barques dans le golfe du Saint-Laurent. La Gaspésie se situe sur la rive droite du fleuve et autrefois la population entière vivait de la pêche. Chaque village possédait, un peu à l'écart du centre à cause de l'odeur, de grandes claies pour faire sécher la morue. On la sentait de loin, bien avant d'entrevoir le clocher de l'église ! À bord des barques, on pêchait à la ligne et les morues s'entassaient vite au fond de la cale. Mais déjà, la pêche à la morue était réglementée, on craignait les patrouilles du ministère des Pêcheries et on me disait : « Cache les plus petites sous ton banc ! » Je demandais pourquoi mais personne ne me répondait. Plus tard, j'ai compris. À cause de la diminution rapide de l'espèce on ne respectait plus la réglementation en vigueur sur la taille limite des poissons pêchés. On les prenait de plus en plus petits. Erreur fatale ! De moins en moins de morues atteignaient l'âge de se reproduire. Après quelque temps, les bateaux revinrent à vide. La population de morue s'est effondrée. Il n'y a pas besoin d'être aussi vieux que moi, ou que Jacques Cartier, pour avoir connu les grandes heures des pêcheries de Terre-

Neuve : la disparition des morues a commencé il y a seulement vingt ans et en une dizaine d'années, il n'y avait presque plus de morues. Depuis, on attend, mais en vain, leur retour.

Pourquoi en vain ? Même en les laissant tranquilles, elles ne se reproduisent plus ?

Il existe un seuil en dessous duquel les espèces ne peuvent plus se reconstituer. Si la population d'une espèce descend en dessous de 10 % de sa masse « naturelle », c'est-à-dire celle qu'on observait il y a plusieurs décennies et qui se maintenait sensiblement stable, les individus restants ne se reproduisent même pas assez pour nourrir leurs prédateurs habituels, et l'extinction est proche. C'est globalement ce qui est à craindre, à cause de la surpêche, pour beaucoup des espèces marines comestibles : la morue, mais aussi le saumon sauvage, le thon, la lotte, la sole, la crevette rose, la raie, le colin, et encore la baleine et tous les cétacés, et enfin la tortue luth et la tortue géante des Galápagos et des Seychelles. On pêche aujourd'hui 2,5 fois plus de poissons qu'il ne s'en reproduit.

Pourquoi continue-t-on ?

Tant que le marché sera lucratif, et il risque de l'être de plus en plus à mesure que le poisson devient rare, il y aura toujours des lobbys industriels agroalimentaires pour le pousser. Le cas du thon rouge, par exemple, est scandaleux. Il est énormément consommé au Japon sous forme de sushis et de sashimis, dont la mode envahit d'ailleurs tous les pays occidentaux, malgré les mesures conservatoires réclamées depuis longtemps par les scientifiques. Avec la raréfaction du thon rouge, les prix deviennent parfois faramineux. Au début de 2014, un thon exceptionnel, de 222 kilos s'est vendu aux enchères au Japon 1,38 millions d'euros, soit plus de 6 000 euros le kilo !

J'y penserai la prochaine fois qu'on me proposera de manger des sushis ! Que faudrait-il faire pour arrêter le massacre ?

Contre la surpêche, la solution pourrait être simple, la protection des espèces est même l'un des problèmes les plus faciles à régler : il faut faire respecter les réglementations internationales qui existent déjà (mais ça, c'est difficile) ou il suffit, localement, de faire des réserves où la pêche (ou la chasse) est interdite. Cette mesure implique en général beaucoup de bagarres avec les pêcheurs (professionnels ou pêcheurs du dimanche) mais on sait qu'elle est efficace. Pour donner un tout petit exemple à l'échelle de la planète : quand, avec le Groupe d'étude du Mérou, on a constitué une réserve absolue à Port-Cros pour sauver les mérous qui avaient quasiment disparu de la Méditerranée, en quelques années les mérous sont revenus et il est même question de rouvrir la pêche dans certaines zones. La nature est fragile, certes, mais elle est aussi capable de se régénérer très vite.

De l'eau pour tous

Finalement, je comprends que l'avenir de la Terre dépend de la mer…

C'est une très belle idée et j'y souscris ! Après avoir évoqué toutes ces catastrophes, regardons encore la mer devant nous. Tu vois, elle est toujours là ! Au fond, la force de la mer, c'est d'être éternelle.

Éternelle ?

Je veux dire : c'est merveilleux de penser que l'eau ne quitte pas la Terre, la quantité est toujours la même, comme nous l'avons dit déjà. D'accord, cette eau est de plus en plus polluée, de plus en plus pauvre en nutriments, mais, si tu pars du principe que l'eau est l'élément essentiel à la vie, alors oui, notre avenir dépend de la mer…

Oui, mais qu'est-ce que tu fais du sel ?

Justement : je trouve la technologie propre pour dessaliniser la mer et rendre l'eau potable. Et je résous ainsi un des énormes problèmes de la vie humaine sur la planète : l'accès à l'eau potable, les inégalités extraordinaires de climats qui rendent l'agriculture impossible dans beaucoup des régions les plus pauvres du globe. L'eau potable est au fond déjà l'enjeu de bien des guerres dans le monde. Si on arrivait à traiter l'eau de mer par des petites usines à énergie solaire très locales un peu partout dans le monde – et surtout en Afrique –, à trouver le moyen de la transporter et de la distribuer (après tout, on a trouvé facilement le moyen de construire des oléoducs ou des gazoducs dans les régions les plus inhospitalières !), on ferait avancer l'humanité… sans causer de tort ni à la Terre, ni à la mer.

Eh bien, tu es encore plus rêveur que moi ! Tu crois qu'il y aurait toujours assez d'eau dans la mer si on la pompe à hautes doses ?

Bien sûr ! La mer est inépuisable et, autre immense qualité par les temps qui courent, elle n'appartient en principe à personne. Hélas ce principe est de plus en plus remis en question et de nombreux pays ont réussi à imposer une extension de leur souveraineté maritime en se réservant des zones exclusives d'exploitation jusqu'à 200 milles nautiques (environ 370 kilomètres) de leurs côtes. Mais la mer reste l'une des seules ressources de la planète, avec le Soleil et le vent, dont on espère qu'elle ne sera jamais cotée en Bourse.

Partons en mer !

Vous souvenez-vous, l'un et l'autre, de la première fois que vous avez vu la mer ?

Pour moi, Hubert, c'est un souvenir inoubliable. Je n'étais pas un homme de la mer, comme tu le sais. Enfant, ma « mer » à moi s'appelait le « Grand Lac ». C'était le lac Saint-Louis (une portion du fleuve Saint-Laurent en amont de Montréal, au Québec), au bord duquel nous habitions. En le regardant, je rêvais de la mer, la vraie. Des années plus tard, lors d'une randonnée dans le Comté de Charlevoix, dont les montagnes dominent l'estuaire du Saint-Laurent, pour la première fois enfin, je l'ai vue : j'ai vu la mer ! Je n'arrivais pas à la quitter des yeux et, déjà, comme nous l'évoquions en commençant cette conversation, la ligne tranchante de l'horizon marin m'interpellait avec insistance. L'envie d'aller voir au-delà, c'est ce qui nous réunit, parce que nous aimons la mer, et aussi parce que nous aimons savoir. La science, finalement, c'est cela aussi : l'envie d'aller voir au-delà !

Quant à moi, Yves, j'ai l'impression d'être né avec la mer, dans la mer. Pourtant, il se trouve que je suis né en Suisse, mais, par mon père, d'une famille de marins bretons dans laquelle tous les hommes, jusqu'à mon grand-père, avaient été capitaines ou matelots au long cours. J'ai découvert la mer à l'âge de 7 ans, juste à la fin de la guerre, à Lancieux, en Bretagne. Je m'en souviens comme si j'y étais ! Je ressens encore sous mes pieds le contact de ces sables coquillés de la plage et l'odeur de la mer à marée basse. J'étais pris, pour toujours. Très vite, j'ai voulu y aller, je suis parti loin sur des petits canots, mon oncle m'a initié à la voile. J'ai su dès le début qu'un jour je traverserai l'Atlantique en solitaire. J'ai attendu l'âge de 66 ans pour réaliser ce rêve d'enfant.

Tu nous as souvent emmenés naviguer avec toi, mais j'aimerais savoir ce que cela t'a fait d'être tout seul en mer durant plusieurs semaines.

Je ne veux pas te faire de peine parce que, moi aussi, j'aime naviguer avec vous, mais il faut que je te dise : être seul, en mer, c'est le summum. Il y a peu d'endroits dans le monde comme un petit bateau de 10 mètres, coquille de noix au milieu de l'Atlantique, où tu peux mesurer ce qu'est la vraie solitude. Et cette solitude est un élément essentiel de mon bonheur de vivre. J'ai rarement été aussi heureux que seul en mer. Ce bonheur n'a pas de mots.

Essaie…

Tu pars des Canaries, à peine sorti du port tu hisses la grand voile, le bateau prend le vent et tu le sens s'ébrouer comme un cheval, tu hisses le foc et tu pars en laissant tout derrière toi. Alors, vient le moment où tu perds toutes tes marques. Ton GPS peut bien te situer sur le globe avec une latitude et une longitude, toi, tu n'as autour de toi que l'immensité plus ou moins plate, infinie et mouvante de l'océan. En mer, tu n'as aucun repère visible, la couleur de l'eau, la lumière, les vagues, le vent, ne sont jamais les mêmes et ce n'est pas comme dans le désert ou en haute montagne où la topographie t'oriente. Larguer mes habitudes terrestres, c'est cela que j'aime. Et puis enfin, arriver dans un port. C'est chaque fois comme si on arrivait de loin. On porte quelque chose du monde avec soi. Connais-tu cette chanson : « Un beau jour nous rentrerons/Les yeux pleins de visions/Les lèvres au goût de sel/Notre trois-mâts portera/du poivre ou du tabac, je ne sais quoi/Nous entrerons dans la ville avec cet air tranquille des grands rois* » ?

Alors, Majesté, quand m'emmènes-tu vers le large ?

* Extrait de Jean Claude Darnal, « Tour du monde », 1955.

Remerciements

Nos plus chaleureux remerciements à Camille Scoffier-Reeves, Édith Vincent-Lancelot, Nelly Boutinot et Catherine Portevin pour leur contribution majeure à la rédaction de ce livre.

Merci à Jean-Marc Lévy-Leblond et Sophie Lhuillier des éditions du Seuil.

Et merci à Uta, Thomas et Julie Darnal d'avoir aimablement accepté que nous citions les vers de la chanson de Jean Claude Darnal.

Table

Ouvrages d'Hubert Reeves

Évolution stellaire et nucléosynthèse
Gordon and Breach/Dunod, 1968

Soleil : histoire à deux voix
(*en collab. avec Jacques Very,*
Éliane Dauphin-Lemierre et les enfants d'un CES)
La Noria, 1977
La Nacelle, 1990
Seuil Jeunesse, 2006

Patience dans l'azur
L'évolution cosmique
Seuil, « Science ouverte », 1981
et « Points Sciences » n° 55, nouvelle édition, 1988

Poussières d'étoiles
Seuil, « Science ouverte », 1984 (album illustré)
« Points Sciences » n° 100, nouvelle édition, 2009
et Point Deux, 2011

L'Heure de s'enivrer
Seuil, « Science ouverte », 1986
et « Points Sciences » n° 84, 1992

Malicorne
Seuil, « Science ouverte », 1990
et « Points Sciences » n° 179, 2007

Poussières d'étoiles
Hubert Reeves à Malicorne

(cassette vidéo 52 mn)
Vision Seuil (VHS SECAM), 1990

Comme un cri du cœur
(ouvrage collectif)
L'Essentiel, Montréal, 1992

Compagnons de voyage
(photographies Jelica Obrénovitch)
Seuil, « Science ouverte », 1992 (album illustré)
et « Points » n° P542, nouvelle édition, 1998

Dernières nouvelles du cosmos
Seuil, « Science ouverte », 1994
et « Points Sciences » n° 130, nouvelle édition, 2002

L'espace prend la forme de mon regard
(photographies Jacques Very)
Myriam Solal, 1995
L'Essentiel, Montréal, 1995
Seuil, 1999
et « Points Sciences » n° 173, 2006

La Plus Belle Histoire du monde
(en collab. avec Yves Coppens,
Joël de Rosnay et Dominique Simonnet)
Seuil, 1996
et « Points » n° P897, 2001

Intimes convictions
(entretiens)
Paroles d'Aube, 1997
La Renaissance du livre, 2001

Oiseaux, merveilleux oiseaux
Seuil, « Science ouverte », 1998
et « Points Sciences » n° 154, 2003

Noms de dieux
(entretiens avec Edmond Blattchen)
Stanké, Montréal, et Alice éditions, Liège, 2000

L'Univers
(CD à voix haute)
Gallimard, 2000

Sommes-nous seuls dans l'Univers ?
(en collab. avec Nicolas Prantzos,
Alfred Vidal-Madjar et Jean Heidmann)
Fayard, 2000
Le Livre de poche, 2002

Hubert Reeves par lui-même
Stanké, Montréal, 2001

La Nuit
(CD)
Éditions De Vive Voix, Paris, 2001

Hubert Reeves, conteur d'étoiles
(documentaire écrit et réalisé
par Iolande Cadrin-Rossignol)
Office national du film canadien, 2002
DVD éditions Montparnasse, 2003

Mal de Terre
(en collab. avec Frédéric Lenoir)
Seuil, « Science ouverte », 2003
et « Points Sciences » n° 164, 2005

Chroniques du ciel et de la vie
Seuil/France Culture, 2005
et « Points Sciences » n° 191, 2010

Réponses à des questions fréquemment posées
De l'astronomie à la crise écologique actuelle,
Vol. 1 et 2
CD Spirit Music, Metz, 2006

Chroniques des atomes et des galaxies
Seuil/France Culture, 2007
et « Points Sciences » n° 200, 2011

Patience dans l'obscur
(photographies Jacques Very)
Éditions Multimondes, Montréal, 2007

Petite histoire de la matière et de l'Univers
(par Hubert Reeves et ses amis)
Le Pommier, 2008

Je n'aurai pas le temps
Mémoires
Seuil, « Science ouverte », 2008
et « Points Sciences » n° 205, 2012

Le Joli Monde d'Hubert Reeves
(en collab. avec Christophe Aubel et Cécile Léna)
Élytis, 2009

Arbres aimés
(photographies Jacques Very)
Seuil, 2009 (album illustré)

Du Big Bang au vivant
(en collab. avec Jean-Pierre Luminet, réalisé par Iolande Cadrin-Rossignol et Denis Blacquière)
DVD éditions ECP Montréal, 2010

Images du Cosmos
(en collab. avec Benoît Reeves)
DVD et Blu-ray, La Ferme des étoiles, 2010

L'Univers expliqué à mes petits-enfants
Seuil, « Expliqué à... », 2011 et 2012
(album illustré)

La Petite Affaire jaune
Élytis, 2011

L'Avenir de la vie sur Terre
Bayard, « Les petites conférences », 2012

Là où croît le péril... croît aussi ce qui sauve
Seuil, « Science ouverte », 2013

L'Univers, ce qu'on ne sait pas encore...
(par Anna Alter, avec Hubert Reeves)
Le Pommier, 2013

Ouvrage d'Yves Lancelot

La Vie des océans
De leur naissance à leur disparition
Vuibert, 2011

Derniers titres parus dans la même série

Clémentine Autain
Les Machos expliqués à mon frère

Rama Yade
Les Droits de l'homme expliqués aux enfants de 7 à 77 ans

Pascal Vernus
Les Dieux égyptiens expliqués à mon fils

Alain Demurger
Chevaliers et Chevalerie expliqués à mon petit-fils

Pascal Picq
Darwin et l'évolution expliqués à nos petits-enfants

Jean-Marc Jancovici
Le Changement climatique expliqué à ma fille

Roger-Pol Droit
L'Éthique expliquée à tout le monde

Marc Ferro
Le Mur de Berlin et la Chute du communisme expliqués à ma petite-fille

Marc-Alain Ouaknin
La Tora expliquée aux enfants

Jacques-Olivier Boudon
Napoléon expliqué à mes enfants

Jean-Louis Brunaux
Les Gaulois expliqués à ma fille

Bruno Dumézil
Les Barbares expliqués à mon fils

Pascal Picq
Les Origines de l'homme expliquées à nos petits-enfants

Jean-Didier Vincent
Le Sexe expliqué à ma fille

Marc Ferro
De Gaulle expliqué aujourd'hui

Hubert Reeves
L'Univers expliqué à mes petits-enfants

Marc-Alain Ouaknin
L'Alphabet expliqué aux enfants

Roland Lehoucq
Les Extraterrestres expliqués à mes enfants

Jean-Pierre Azéma
L'Occupation expliquée à mon petit-fils

Benjamin Stora
La Guerre d'Algérie expliquée à tous

Rachid Benzine
Le Coran expliqué aux jeunes

Henry Rousso
La Seconde Guerre mondiale expliquée à ma fille

Elias Sanbar
La Palestine expliquée à tout le monde

Michel Wieviorka
L'Antisémitisme expliqué aux jeunes

Jean-Marc Lévy-Leblond
La Science expliquée à mes petits-enfants

RÉALISATION : NORD COMPO, À VILLENEUVE D'ASCQ
IMPRESSION : NORMANDIE ROTO S.A.S. À LONRAI
DÉPÔT LÉGAL : JANVIER 2015 N° 109820 (1405126)
Imprimé en France